MOOK
eco+
PLUS

vol.03
생태+건축

발간사

인간과 자연이 공존하는,
생태건축을 향한 발걸음

우리는 모두 집에 살고 있습니다. 집에서 생활하고 일터에서 노동하며 휴식을 위해 조성된 공간에서 시간을 보냅니다. 집을 비롯한 다양한 건축물들은 우리 삶과 불가분의 관계에 있습니다. 신석기인의 움집에서 최첨단 스마트 빌딩에 이르기까지 건축물과 인간 사이에는 그 오랜 역사만큼 다양한 이야기들이 담겨 있습니다.

 생태학을 뜻하는 Ecology의 'eco'는 그리스어로 집을 뜻하는 'oikos'에서 유래했습니다. 생태를 연구·교육·전시하는 기관인 국립생태원에서는 우리의 집이자 삶의 터전인 지구를 지키기 위해 다양한 노력을 하고 있으며, 그런 의미에서 지구에 부담을 줄이고 공생하기 위한 건축에도 관심을 두게 되었습니다.

생태계 구성원들이 살아가는 삶 자체는 다양한 요소들의 총합으로 이루어져 있습니다. 국립생태원에서도 생태를 다학제적으로 바라보기 위해 『무크 에코 플러스』를 선보이고 있습니다. 1호 '생태+문학', 2호 '생태+교육'에 이어 이번에는 3호 '생태+건축'을 주제로 독자 여러분께 인사드립니다. 이번 호에서는 국내외 건축계에서 생태건축이라는 이름으로 활발하게 진행되고 있는 여러 활동과 주제를 살펴보고자 합니다. 국내외 연구자, 역사 이론가, 실무자 등의 전문가들이 필진으로 참여했고, 각기 다른 용도와 크기의 건축 프로젝트들을 소개하며 생태건축의 다양성을 담고자 했습니다. 또한 특별 좌담을 진행해 지금 우리가 놓치고 있는 것들에 대해, 그리고 앞으로 우리가 나아가야 할 방향에 대해 고민하는 자리를 가졌습니다.

이번 호를 준비하며 생태건축과 비슷한 개념어들이 많이 존재한다는 사실을 알게 됐습니다. 녹색건축, 친환경 건축, 제로에너지 건축 등은 무엇을 중요하게 여기는지에 따라 각각의 개

넘어들로 분화되지만, 사실 이들이 지향하는 바는 크게 다르지 않습니다. 이들은 공통적으로 지구와 공생하고자 하고, 지구에 부담을 줄이고자 합니다. 물론 많은 용어가 존재하기 때문에 혼란과 어려움이 생길 수도 있을 것이라 생각합니다. 하지만 다양한 단어로 세분화되어 있다는 건 생태건축이라는 분야가 그만큼 넓고 중요하게 다뤄지고 있다는 반증이 아닐까 합니다.

여러분은 생태건축이라고 하면 어떤 이미지가 떠오르시나요? 마당에 푸른 잔디를 심은 모습, 건물 옥상에 태양광 판을 설치한 모습이 떠오르시지는 않나요? 물론 그 또한 맞습니다. 하지만 그것만이 유일한 모습은 아닙니다. 이보다 넓은 차원을 마주하기 위해서는 생태건축이 과학적이고 미학적이며 인문학적이라는 점을 상기해야 합니다. 또한 우리의 행위와 생활이 자연에 어떠한 영향을 끼치는지를 알고, 근본적으로 우리 모두의 인식이 바뀌어야 할 것입니다. 일부에서는 건축이 자연환경을 파괴하고 인공환경을 조성하는 행위이기 때문에 근본적으로 생태에 반한다고 주장합니다. 역설적이지만 건축 분야의 태생적 딜레마입니다. 건축에서 생태적 가치를 논하기가 쉽지 않은 이유이기도 합니다. 한 쪽에서는 기술의 발전은 자연을 해친다고 말하고, 다른 한쪽에서는 기술을 통해 비로소 자연과 공생할 수 있다고 말합니다. 정반대의 의견이 공존하는 상황입니다. 그럼에도 불구하고 국립생태원은 이번 『무크 에코 플러스』 3호 '생태+건축'을 통해 이를 그대로 드러내고자 합니다. 생태건축의 다양한 면모를 살펴보며 앞으로 우리가 나아가야 할 인간과 자연이 공존하는 생태적인 삶의 새로운 지평이 열리기를 기대해 봅니다.

국립생태원장 박용목

발간사

인간과 자연이 공존하는, 생태건축을 향한 발걸음 박용목　　002

PART1 생태건축이란 무엇인가

자연과 건축의 만남: 일곱 번의 위기와 일곱 개의 자연 임석재　　010

생태학과 생태시학적 패러다임의 건축 고주석　　018

PART2 자연과 공생하는 건축

도시환경에서의 생물다양성 통합 오르탕스 세레　　030

자연과 공생하기 위한 도시녹화 김진수　　038

야생 조류를 배려하는 도시-건축 김영준　　046

건축 패러다임의 전환, 자연순환 재료 '흙' 황혜주　　054

자원절약과 순환의 대안적 삶, 생태마을과 공동체 이성제　　060

자급자족의 삶, 오프 더 그리드 하우스 박종혜　　068

PART3 지구에 부담을 줄이는 건축

도시물순환의 회복 한무영　　076

패시브 건축에서 제로에너지 건축으로 김예람　　082

생태건축 및 조경, 도시에 관한 국내외 정책 및 제도 이은석　　090

거주자를 고려한 친환경 주거계획의 요소 이민아　　100

한국 전통건축의 생태적 접근 손태진　　108

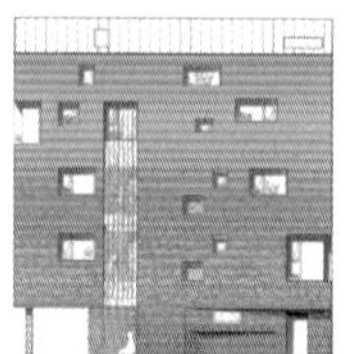

PART4 생태+건축 프로젝트

판교 운중동 패시브하우스 한국 성남　　114

앨리하우스 한국 서울　　128

노원 에너지제로 주택 한국 서울　　142

세종 가락마을 로렌하우스 한국 세종　　156

스카이 그린 타이완 타이충　　170

루멘 네덜란드 와게닝엔　　186

아모레퍼시픽 사옥 옥상조경 한국 서울　　200

아크로스 후쿠오카 일본 후쿠오카　　214

SK케미칼 에코랩 한국 성남　　228

이대서울병원 한국 서울　　242

PART5 특별 좌담

생태건축을 향한 질문들 김정은, 이병연, 이아영, 신지웅, 최원만, 조상규　　260

부록

참고문헌　　273

생태건축 추천 도서　　276

관련기관, 단체 목록　　278

생태건축이란 무엇인가

PART1

생태건축이란 무엇인가

자연과 건축의 만남: 일곱 번의 위기와 일곱 개의 자연

생태학과 생태시학적 패러다임의 건축

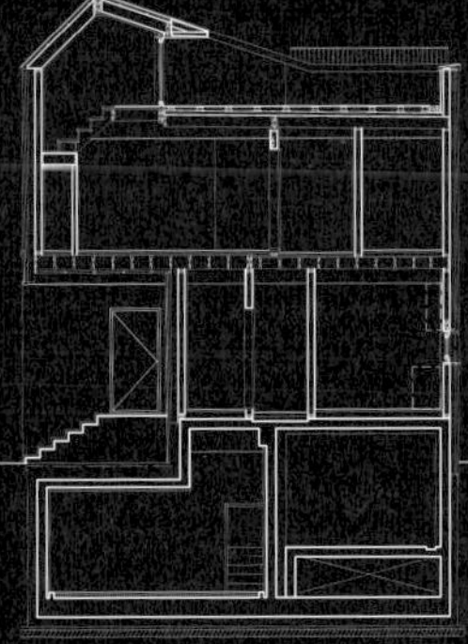

자연과 건축의 만남: 일곱 번의 위기와 일곱 개의 자연

생태학과 생태시학적 패러다임의 건축

자연과 건축의 만남: 일곱 번의 위기와 일곱 개의 자연

글 **임석재**(이화여자대학교 교수)

임석재는 건축사학자이자 건축가다. 서울공과대학교 건축학과에서 건축 학사를, 미국 펜실베이니아 대학교에서 프랑스 계몽주의 건축에 관한 연구로 건축학 박사 학위를 각각 받았다. 1994년부터 이화여자대학교 건축학과에 재직 중이다. 대표 저서로『임석재의 서양 건축사』,『'예(禮)'로 지은 경복궁』,『한국 건축과 도덕 정신』,『우리 건축 서양 건축 함께 읽기』,『서울 골목길 풍경』,『건축과 미술이 만나다』,『서울, 건축의 도시를 걷다』,『기계가 된 몸과 현대건축의 탄생』,『유럽의 주택』,『지혜롭고 행복한 집 한옥』,『광야와 도시』,『극장의 역사』등이 있다.

인간은 아마도 지구상에서 자연에서 분리된 유일한 생명체일 것이다. 자연에 노출되는 것은 그다지 달갑지 않은 일로 받아들이며 '바깥 일'은 특별한 직업이 된 지 오래다. 하지만 인간이 자연 없이는 단 몇 분도 살아있기 힘들다는 '생존의 전제조건'은 여전히 굳건하다. 자연과 인간 존재 사이에는 이처럼 양면성이 존재한다.

여기에서 동서양이 확연히 갈린다. 동아시아 특히 한국의 건축은 전통적으로 친자연 성향이 무척 강했다. 건축을 보면 가히 건물은 자연과 하나가 되기 위해 존재하는 것 같았다. 서양은 반대였다. 자연과의 단절을 건축의 첫 번째 성립 조건으로 잡았다. 건축을 자연의 일부분으로 보는 흐름도 있었지만 미약했다.

산업혁명 이후 세계가 점차 하나로 통합되면서 이 가운데 서양식 건축 방식이 현대의 표준형으로 자리 잡았다. 20세기 후반에 들어오면서 이제 동서양의 구별은 무의미해졌고 '글로벌'이라는 기준이 통용되고 있다. 이제 '동양 정신으로 돌아가라'는 말은 정말 무의미해졌다. 현시점에서 자연과 건축 사이의 관계라는 주제는 서양 건축을 기준으로 삼을 수밖에 없는 것 같다.

서양 건축의 역사를 거시적으로 보면 자연과 관련해서 한 가지 패턴을 발견하게 된다. 서양 문명은 인공성에 기초하며 자연은 인공에 대한 변수로 정의된다. 문명의 전성기에는 자연보다는 인공성을 극대화하는 쪽으로 문명이 전개된다. 자연은 문명의 위기가 오면 대안으로 추구된다. 이에 따라 그리스부터 시작해서 최근까지 2,500년의 건축사를 '일곱 번의 위기와 일곱 개의 자연'이라는 개념으로 거시적으로 정리할 수 있다.

고대~중세의 자연사상: 정신과 물질 사이

출발은 고대의 첫 번째 자연이었다. 서양 건축을 최초로 완성한 그리스는 아마도 서양 건축 가운데 18세기 낭만주의 건축을 제외하면 자연과 가장 친밀한 건축이었으며 특히 소크라테

인간이 자연 없이는 단 몇 분도 살아있기 힘들다는 '생존의 전제조건'은 여전히 굳건하다. (ⓒ최은화)

스가 등장한 아르카이크 시기[1]가 그랬다. 이때에는 가이아 이론과 견유학파 등을 중심으로 한 통합적 자연관이 사회를 이끌었다. 건축에서는 초기 신전의 형성 과정 및 신전이 중심이 된 탁선소(託宣所, oracle)가 대표적인 현상으로 나타났다.

곧 첫 번째 위기가 나타났다. 소크라테스의 제자 플라톤의 이원론에서였다. 플라톤은 세상 만물을 이데아(정신적 형식)와 현실 현상(물질적 질료)의 이분법으로 나누었고 다시 그의 제자 아리스토텔레스는 목적론을 주창했다. 현실 현상을 이루는 자연은 열등한 물질로 밀려났고 극단적인 정신 가치가 추앙되는 위기였다. 이런 이분법 구도를 로마의 실용 문명과 기독교가 배타적으로 이어받으면서 첫 번째 위기는 바로 두 번째 위기로 이어졌다.

두 번의 위기가 겹쳐 나타나면서 자연의 위기는 심화되었다. 기독교의 창세기는 '하나님이 자연을 인간에게 선물로 주었다' 라는 오해를 불러일으킬 수 있는 구절을 서양 사회에 제공했다. 이른바 '선물론'이었다. 생태사상에서는 이 선물론을 무분별한 자연개발을 허용한 정신적 배경으로 본다. 그 반대편에, 그러나 실질적으로는 선물론과 손을 잡은 로마 문명이 있었다. 로마 문명은 자연을 개발하는 실질적인 기술 발전을 이루면서 기독교의 선물론과 짝을 이루어 자연을 인공문화의 아래에 두는(더 정확히는 두고 싶어 하는) 서양 자연사상의 완성을 이루었다.

로마 문명이 멸망하고 중세가 시작되면서 기독교 사상에 중요한 변화가 일어났다. 로마 문명이 사라진 공백을 기독교의 세계관으로 치유하는 과정에서 자연을 더 섬세하게 바라보는 자연신학이 탄생했다. 자연사상의 흐름에서 두 번째 위기를 극복하기 위한 두 번째 자연이었다. 선물론을 '성스러운 예술작품론'이 대체했다. 자연은 하나님이 인간에게 마음대로 사용하라고 주신 선물이 아니고 그 자체가 창조자의 성스러운 예술작품이라는 개념이었다.

이것을 건축에서 이어받은 구체적인 매개가 '빛'이었다. 중세 건축은 하나님의 집인 교회와 성당 안에 가득 빛을 채우는 방향으로 발전했다. 빛은 신학적으로도 예수와 동의어이고 구

원을 상징하는 등 하나님의 창조정신을 대표하는 자연현상이었다.

초기 근대(15~17세기)~전근대(18~19세기): 기계론과 산업개발 vs. 감성과 이데올로기

중세 기독교 문명이 끝나고 15세기에 르네상스 실용주의가 들어서면서 세 번째 위기가 찾아왔다. 종교개혁으로 탄생한 신교는 150여 년에 걸쳐서 구교의 기득권과 치열한 투쟁을 벌인 끝에 과학혁명을 이끈 진보 세력과 손을 잡게 된다. 15~17세기는 단선적 기술론이 득세하는 위기였다. 정신과 물질의 이분법이 붕괴되면서 정신으로서의 자연은 퇴화하고 물질로서의 자연이 강화되었다. 그 결과 성스러운 물리학 같은 과학화된 계몽주의 자연신학이 등장했다.

세 번째 위기를 극복하기 위한 세 번째 자연 개념이 등장했다. '감성으로서의 자연'이었으며 낭만주의 사조로 집결했다. 인간이 인간의 속마음을 들여다보기 시작하면서 자연을 인간의 감성과 조율해 내고 일치시키려는 시도였다. 자연은 어려운 공부의 대상도 아니고 무분별한 개발의 대상도 아니었다. 아름다운 풍경을 바라보며 내 감성과 일치시킬 수만 있으면 그 자체가 본유적 지식이 된다는 것이었다. 건축에서는 폐허운동[2]과 농가모델 등으로 나타났다.

서양 문명은 조용히 머물지 않았다. 발전과 새로운 것에 대한 강박관념은 자연에 네 번째 위기를 불러왔다. 과학혁명이 방아쇠가 되어 자연의 만물 현상을 모두 과학적으로 설명하려는 거대 프로젝트가 시작되었다. 방정식의 과학법칙으로 정리되는 기계론이 자연현상을 설명하는 유일하고 절대적인 기준이 되었다. 이는 과학이 진리의 자리를 꿰찼다는 뜻이었다. 네 번째 위기였다. 현대의학이 돛을 올리면서 인간의 모든 존재 현상마저도 기계적 작동으로 설명될 수 있다는 믿음이 진리의 영역으로 들어왔다. 자연과 인간 존엄의 동반 하락이었다.

네 번째 위기를 극복하려는 네 번째 자연 개념이 탄생했다. '조화로운 제3력'이라는 개념이었다. 붕괴된 이분법을 복구하려는 시도였다. 자연은 물질 없이는 존재할 수 없으며 물질로

(왼쪽) 한국의 건축은 전통적으로 친자연 성향이 무척 강했다. (ⓒ손태진)
(오른쪽) 서양 문명은 인공성에 기초하며 자연은 인공에 대한 변수로 정의된다. (ⓒ최은화)

이루어지고 물질로 표현된다. 그러나 이것이 정밀한 균형을 이루면서 규칙적으로 작동하게 해주는 거대한 정신적 법칙이 뒤에 있다. 진정한 자연은 이 둘을 함께 보아야 한다. 이분법으로 갈등해서는 안 되며 화해하고 통합해야 된다는 일원론과 제3력, 즉 삼분법의 득세였다. 건축에서는 그레코-고딕 아이디얼(Greco-Gothic Ideal)이라는 새로운 구조방식과 교회모델을 찾는 움직임으로 나타났고 파리 판테온을 대표작으로 남겼다.

조화로운 제3력은 순진한 이상이었을까. 개인이건 사회건 문명이건 인간의 모든 정신적 노력은 늘 물질 유혹 앞에 허무하게 무너지는 법이다. 과학혁명이 산업혁명으로 이어지는 것은 물질로 이루어진 자연계와 인간 사회에서는 당연한 귀결이었을 것이다. 내연기관, 즉 모터와 엔진의 등장으로 이전과는 비교도 되지 않는 거대한 자연 개발이 시작되었다. 다섯 번째 위기였다. 진화론까지 가세하면서 자연은 이제 인간의 손아귀에 들어온 것처럼 보였다. 성스러운 예술작품으로서의 자연은 완전히 붕괴되었고 방정식에 의한 기계론만이 유일한 미덕의 자리를 꿰찼다.

원생림으로서의 자연의 생명은 사실상 산업혁명, 즉 다섯 번째 위기와 함께 영원히 끝났다고 할 수 있다. 현대 환경 위기의 시작이었다. 이에 맞서 미약하나마 다섯 번째 자연 개념이 태동했다. '이데올로기로서의 자연'이었다. 영국의 기독교 사회주의 운동이 대표적이었다. 자연은 더 이상 종교나 학문으로는 지킬 수 없으며 이데올로기로 무장한 사회운동만이 지킬 수 있다는 믿음이었다. 건축에서는 존 러스킨과 윌리엄 모리스가 이끄는 중세주의와 미술공예운동[3]이 대표적인 예였다. 더 미시적으로 들어가면 수공예 운동이 핵심에 있었다. 일상용품을 예로 보면, 기계생산이 유발한 '노동의 분리'에 맞서 자연 재료를 내 손으로 채취해서 내 손으로 다듬고 만지는 수공예를 주창한 것이었다. 자연과 내 몸의 일체를 지키려는 운동이었다.

19세기 중반~20세기 이후: 여섯 번째 대멸종 vs. 자연신학과 심층 생태학

19세기 중반에 근대적 대도시가 탄생되면서 여섯 번째 위기가 시작되었다. 이때부터 건축이 환경 위기의 중심에 서게 된다. 화석에너지를 가장 많이 소비하는 분야는 건물, 교통수단, 공장, 전력생산 등인데 근대적 대도시는 이 넷이 집약된 곳이었다. 이제는 건물 속에서 숨 쉬며 살아가는 일상 자체가 지구 멸망을 앞당기는 일이 되어버렸다. 더욱이 근대적 대도시는 자본주의 도시이기 때문에 물신숭배까지 더해지면서 심각한 위기가 닥쳤다.

여기에 맞서는 여섯 번째 자연은 '농촌으로서의 자연'이라는 실천운동으로 나타났다. 도시 탈출과 귀촌이라는 미약하지만 실질적인 운동부터 농촌미학과 녹색언어라는 예술운동까지 폭넓게 나타났다. 생태학(ecology)이라는 현대 환경 학문이 탄생한 것도 대체로 19세기 후반의 이 시기였다. 건축에서는 표준화된 산업 방식에 맞서 각 지역의 전통을 지키려는 토속 건축이 구체적 예로 형성되었다. 어느 문명권이든 전통건축에는 자연 요소가 많기 때문이었다.

20세기에 들어오면서 일곱 번째 위기가 찾아왔다. 기술제일주의가 득세했다. 그 바탕에는 물질제일주의와 발전제일주의가 손을 잡고 삼각 편대를 이루었다. 강대국들의 극렬한 이익 다툼인 두 번의 세계대전을 치른 뒤 산업혁명의 열매를 거두는 단계로 진입했다. 환경 위기가 극으로 치달으면서 여섯 번째 대멸종의 경고까지 나오게 되었다. 환경 위기의 시간 배경이 이전에는 인류 역사 2,500년이던 것이 이제는 지구 역사 46억 년으로 확장되었다.

이를 치유하려는 일곱 번째 자연이 탄생했다. 이는 곧 지금 우리가 아는 현대 생태사상이기도 하다. 핵심은 '유기체로서의 자연'이다. 자연을 무기물, 즉 화학의 원소주기율표에 나오는 단순한 금속의 조합으로 보지 않고 유기적 생명체, 즉 살아있는 하나의 거대한 생명체로 보는 시각이다. 이렇게 되면 자연 개발은 생명체에 손을 대는 것이기 때문에 더욱 신중해지게 된다. 더욱이 그 생명체라는 것이 인간보다 하위종이 아니고 인간을 낳고 품고 인간생존의

(왼쪽) 중세 건축은 내부에 빛을 채우는 방향으로 발전했다. (ⓒ최은화)
(오른쪽) '생태건축'이 단순히 고층 건물 중간에 나무를 심거나 옥상에 잔디를 깐 정도에 머물러선 안 된다. (ⓒ최은화)

장이 되는 거대한 지구의 자연이라서 더욱 그렇다. 생태신학과 심층 생태학 등 새로운 생태 사상이 등장했다.

심층 생태학은 현대에 진행되는 친환경 운동의 핵심을 이룬다. 아르네 네스(Arne Naess)가 창시해서 이끈 운동이다. 그는 환경 위기의 원인을 인간중심주의(anthropocentrism), 즉 지구의 자연 자원이 인간을 위해서만 존재한다고 보는 데에서 찾는다. 이런 시각에서는 환경 문제의 해결도 인간을 위한 선까지만 생각하게 된다. 예를 들어 공기 오염을 해결하는 목적을 인간에게 이로운 공기를 제공하는 데까지만 잡는 식이다.

심층 생태학은 여기에서 한발 더 나아간다. 환경문제의 해결을 지구 전체의 생태체계를 인간이 망쳐놓기 전의 건강한 상태로까지 온전히 회복하는 것을 목표로 삼는다. 이런 목표 아래에서 인간은 여러 구성 요소들 가운데 하나일 뿐이다. 이 목표가 달성되면 지구환경은 자연스럽게 인간에게 유리하게 조성된다. 그 대신에 인간은 현재 누리고 있는 많은 것들을 포기해야 한다. 자본과 기술 중심의 물질주의와 편의성이 그것일 것이다.

2020년, 다시 정의하는 생태건축

건축에서도 환경 위기를 극복하려는 움직임이 나타났다. 한국의 경우, 정확히 말할 수는 없지만 대체로 2010년 정도까지 '생태건축'이라는 말이 꾸준히 거론되었다. 그 결과 건물에서 사용하는 화석에너지의 양을 기준으로 이른바 '친환경 인증' 제도가 도입되었다. 최근 몇 년 사이에는 국가의 전체 에너지 체계가 친환경이나 그린 쪽으로 급속히 전환되면서 친환경이나 그린은 건축에서 가장 큰 분야가 되어가고 있다.

하지만 생태건축의 기여도는 여전히 만족스럽지 못하다. 정확한 실체도 정의되지 못하고 있다. 모든 건물은 인공 냉난방에 전적으로 의존하고 있다. 대부분의 친환경 시스템이 단열 등 에너지 절약에 초점이 맞추어져 있을 뿐 완전한 발상의 전환은 요원하다. 태양열에 의존할 경우 건물 모양, 즉 디자인에 불리해져서 이른바 양식운동을 이끄는 고급 건축가들은 태양열 사용을 꺼려한다. 현대건축 책을 펴 보아도 생태건축 하면 고층 건물 중간에 나무를 심거나 옥상에 잔디를 깐 정도가 대표적이다.

건축만 탓할 일은 아니어서 여름 폭염이 40도에 육박하는 상황에서 기계 냉방 없는 건축을 논하는 것은 비현실적이 되었다. 자연환기를 하고 싶지만 대도시 아파트의 경우 문만 열면 대로라 곧바로 미세먼지가 집안을 가득 채워버린다. 코로나바이러스감염증-19 사태 이후의 변화상을 얘기하자면 대부분 루프 테라스니 자택 사무실이니 하는 정도에 머물고 있다. 자본과 기술 중심으로 진행되어 오던 현대건축의 패러다임 자체를 포기하는 일은 지금보다 훨씬 더 큰 위기가 오기 전에는 절대 포기할 수 없을 것이다.

개별 상황은 건물마다 차이가 있을 것이기 때문에 이것을 뛰어넘어 보편적 차원에서 바람직한 생태건축의 기준을 제시해 보고자 한다. 크게 네 가지를 생각할 수 있는데 낮은 단계에서 높은 단계로 올라가는 체계다.

첫째, 화석에너지의 비중을 가능한 한 낮춘다. 둘째, 자연 요소의 활용을 최대로 높인다. 셋째, 좀 더 분명한 양식운동을 창출한다. 넷째, 자본과 기술에 의존하는 가치관과 일상생활을 바꾸는 인문사회학적 인식의 대전환이 뒷받침되어야 한다. 넷을 종합하면 결국 실질적인 기술과 정신적 가치관이 균형을 이루고 그 중간에서 동양정신의 부활에 기반한 양식운동을 창출하는 일이 될 것이다.

---

1 아르카이크 시기 기원전 7세기 중엽부터 기원전 5세기 초의 시기를 가리킨다. '아르카이크(archaic)'는 그리스어로 처음, 오랜, 고풍 등을 뜻한다.

2 폐허운동 건물이 지어지고 난 뒤 일정 기간이 지나면서 제 기능을 잃고 일부가 파손·붕괴되어 폐허가 되더라도 그로부터 미학적 가치를 발견하는 운동을 말한다. 『그리스의 가장 아름다운 폐허기념비(The Ruins of the Most Beautiful Monuments of Greece)』(1758)가 이 운동에 영향을 끼쳤다.

3 미술공예운동 19세기 후반 영국에서 시작된 운동이다. 당시 산업혁명으로 인해 공업생산과 기계생산이 가능해졌는데, 이렇게 대량 생산된 제품은 심미성은 배제한 채 기능에만 초점이 맞춰져 있었다. 윌리엄 모리스(William Morris)는 이러한 기계만능주의가 생활 속의 미를 파괴할 것이라는 우려에서 가구·집기·옷감 디자인·제본·인쇄 등 응용미술의 여러 분야에서 '수공업'이 지니는 아름다움을 회복시키려고 중세적 직인제도(職人制度)의 원리에 따른 공예개혁을 기도했다. 이들 직인적 공예운동은 기계 능력의 가능성을 무시하였다는 점에서 시대를 역행한 듯하나, 예리한 문제점 제기와 세련된 미의식은 그 후의 공예발전에 커다란 영향을 주었다.

생태학과 생태시학적 패러다임의 건축

글 **고주석**(네덜란드 와게닝엔 대학교 명예석좌교수)

고주석은 네덜란드 와게닝엔 대학교 조경 건축학과 명예석좌교수이고, 전 미국 텍사스 공과대학교 건축학과 정교수였다. 오이코스 (Oikos)의 창립 파트너로서 1980년대부터 생태학적 디자인과 통합적 건축을 실천하고 있으며, 국제조경건축협회 회장상, 한국조경디자인 대상을 수상한 바 있다. 또한 동아시아 미학에 관해 쓴 글로 미국조경가협회로부터 브래드포드 윌리엄스 상을 받았다.

생태건축이 필요하다는 사실에는 토론의 여지가 없다. 생태건축은 오늘날 국내 및 세계 건축에서 가장 우수한 패러다임 중 하나다. 이것은 선택이 아닌 필수다. 다만, 생태건축의 실현은 건축가들의 힘만으로는 도달할 수 없는 영역이기에 우리는 건축가뿐만 아닌 비전문가 모두를 위한 도구와 언어를 제공해야 한다.

도구적 과학, 한계적 이성에 입각한 근대건축과 진보를 전제한 근대성의 결함은 그동안 파괴적이고 소외적인 결과를 초래했다. '근대'라는 개념 자체는 기독교 로마제국 때에 쓰기 시작한, 고전 로마와는 차별화에 중점을 둔, 서양적인 것으로, 한국인인 우리에게는 근대란 문화적 식민지화로 유도한 언어이고, 현재도 진행 중인 세계화 움직임의 내러티브다.

그러나 우리는 건축 자체를 이제 그저 형태나 구조나 공간으로만 이해하지 말고 환경으로 생각해야 한다. 하지만 '환경'이란 무엇을 뜻하는 것일까? 그 답은 어느 환경 과학 분야가 혼자 이룰 수 있는 것이 아니라, 철학자, 예술가, 시인, 그리고 건축가들과 기술자들 모두가 다뤄야 하는 문제다. 생태학에서는 환경을 특수하게 다룬다. 그저 무엇을 담는 용기나 주변의 객체가 아닌, 생명체와 환경이 서로 작동하며 하나가 된 유동적이고 자율적인 생태계로 보는 것이다.

과학으로서의 생태학, 그리고 건축

생태학은 환경 과학이고, 건축학은 건물과 환경을 다루는 예술 과학이다. 생태학적 관점에서 본 건축물이란 사람과 환경 사이의 상호작용을 위한 틀이자 대행기관이다. 하지만 생태건축은 아직도 그다지 잘 이해되지도 관심을 끌고 있지도 못하는 추세다. 1990년대부터 생태건축에 대한 담론은 지속성과 과학 및 기술에 기반을 둔 에너지 디자인(제로에너지, 탄소중립)에 대한 담론들로 인해 묻혀버렸다. 그리고 많은 건축가들은 아직도 환경적 파괴에 관련된 과학적이고 윤리적인 문제들을 무시하고 있는 편이다.

네덜란드 와게닝엔 대학교의 루멘 (ⓒ고주석)

환경은 과학과 건축학 분야 이상으로 나아가기 때문에, 환경 설계는 환경의 이해에 대한 과학의 내재적 불확실성과 불특정성을 수용하고 학제간 접근 방법이 필요하다. 만약 과학이 환경에 대해 모든 것을 알려줄 수 없다면, 건축은 과학을 무조건 따라갈 수 없을 뿐아니라 건축적 환경 구성에 대한 이해에 기여할 수 있는 것이다. 다시 말해, 환경을 파악하는데는 과학이 아닌 다른 방법들이 있다. 첫째로는 감지적 접근 방법으로 개념, 이론, 원리에 의존하지 않은 그저 감각과 체험으로 접근하는 방법이고, 둘째로는 환경을 만들고 구성함으로써 터득하는 것으로 환경을 물질과 힘의 장으로 다루는 방법이다. 여기에서 우리가 잊지 말아야 하는 것은, 비록 건물들 자체는 실제 살아있는 것들이 아닐지라도 언제나 그것들보다 더 큰 환경 안에 놓여 있다는 점과, 그리고 건물 자체가 사람들이 그 안에서 활동할 수 있는 또 하나의 환경이 되어 준다는 점이다. 그렇기 때문에 사람과 장소와 엮어진 건물들은 살아있는 체계가 될 수 있다. 여기서 건물들은 그저 형태나 공간이 아닌, 조정하고 중재하는 체계와 과정이 된다. 건축물은 그저 빈 공간이 아니라 가능성으로 가득한 장이 되고, 그리고 보이지 않는 물료의 순환과 에너지의 흐름이 되는 것이다. 나아가 우리는 그저 건축물을 바라보는 것으로 끝나지 않고 건물과 같이 숨을 쉬며 관계를 맺게 되는 것이다. 이로써 건축물은 인간 활동의 기반이 되어 준다. 이런 행위유도성이 실체화됨으로써 건축은, 인간 생태계 내에서 하나의 현상이자 성능이 된다.

신생 과학 중 하나인 생태학은 현대 인류가 겪고 있는 환경 위기에 가장 연관되어 있는 과학이라고 할 수 있다. 생명중심적이며 통합적인 학문으로서 생태학은 비선형 및 비균형적으로 부상하는 생태계를 연구하는 과학이다. 생태학의 주된 네 가지 부류(시스템 생태학, 경관 생태학, 보존 생태학, 복원 생태학) 중에서 시스템 및 경관 생태학이 환경 디자인과 건축에 가장 직접적인 관계를 맺고 있다. 생태학은 건축가들에게 생태계 에너지의 흐름, 물료의 순환, 그리고 연쇄적인 단계를 통해 이루어지는 공동체의 구조 발전에 대한 이해를 제공해 준다.

예를 들어 옛 생물학의 형태적이고도 아날로그적인 사고에서부터 체계적, 과정적 사고와 현장 연구를 통해 환경적 관찰을 수행한다. 반면에 경관 생태학은 경관에 대한 공간적이고 지리적인 사고, 그리고 경관에 영향을 끼치는 문화적 과정을 종합해서 서식지 구조와 생물 다양성의 발전에 초점을 둔다. 그러하기에 시스템 생태학은 건축에 과정적 사고를 안겨 주고, 경관 생태학은 서식지 접근 방법을 제공해 준다. 형성 과정과 서식지는 생태학과 건축을 연결하는 주 관심사다.

여기에 덧붙여 생태학에는 아는 것, 존재하는 것, 그리고 만드는 이러한 조건들이 관련된 환경철학적 질문들이 내포되어 있다. 심층 생태학, 생태 철학, 생태 여성주의, 산업 생태학은 인식, 몸, 물성, 그리고 젠더 정치와 관련된 담론을 불러일으킨다. 물성과 몸에 대한 우리의 관심이 요즘 더욱 높아지면서 서양에 깊게 뿌리내린 이데아적 창의성과 미학은 도전을 받고 있다. 동시에 환경과 자연에 대한 과거 서양의 무관심은 기독교적 창조 신화, 로고스적 철학, 그리고 식민지 착취 문화의 결과로 확실히 드러난다. 이러한 조건들은 물체, 몸, 토착 문화를 별것 아닌 것으로 만들었다. 하지만 지금도 우리는 식민지화를 후기 자본주의와 신자유주의를 통해 여전히 겪고 있다. 기호가 물질을 대체하고, 마음이 몸을 지배하며, 교환가치가 실제 가치를 대신하고 있다.

과학은 현실을 다루는 것이 아니라 현실을 추상화하는 개념과 이미지를 다룬다. 과학은 질, 아름다움, 의미, 그리고 정체성을 다루지 못할뿐더러, 만드는 것과 정주에 관련된 암묵적 앎에 대해서는 더 할 말이 없다. 과학적 앎이란 하나의 매체적 앎으로써 주로 축소적이고, 외관적이며, 추상적이다. 과학의 목표인 확실성과 명료함은 우리 삶의 경험과 자연 과정 속에 담겨 있는 불확정성과 모호함을 도외시한다.

이런 과학적 인식은 초기에 그리고 지금도 사회가 합리화된 생태학적 디자인과 계획을 쉽게 받아들이지 않았던 가장 큰 이유 중 하나다. 조경가와 건축가는 과학의 권위에 대해 의문을 제시하고 과학이 감성적인 부분에 관해서는 미흡하다는 점을 강조한다. 하지만 전문가들 대부분은 환경이 소유하는 감지적 성격과 자연과 체험의 감지적 성격을 이해하지 못했다. 하지만 신생태학은 환경적 장의 과학이라는 사실을 인지하고 실물 크기에, 실시간으로 집중하게 하는 현장 작업을 통하여 관계, 변화, 과정, 그리고 시간뿐만 아니라 열려 있는 가능성과 보이지 않는 것들에도 주목한다. 생태학은, 일반 과학이 지식과 시각으로 접근하지 못하는, 총체적이고 복합적인 부분들을 민감하게 다룬다. 이들은 모두 감지적 영역이다. 이 때문에 나는 1980년대에 생태학적 미학을 제시한 바 있으며, 현대의 환경 미학은 차차 생태미학의 방향으로 나아가고 있는 듯하다.

창조적 과정으로서의 조성(formation)과 체험으로서의 거주(habitation)는 생태학과 건축이 만날 수 있는 지점이며 이 둘은 상호적으로 건축과 도시에 연관된 조성과 거주의 이해에 기여할 수 있다. 하지만 아직 조성과 거주를 확실히 파악한 성숙한 과학이 없다. (과학자들은 조성을 기술할 수 있지만, 그 과정을 완전히 설명하기에는 아직 이르지 못하고 있다. 한편 건축가들은 과학적 과정을 통해 형태를 발생시키거나 정주를 결정하지 않는다.) 생태학자들과 건축가들 모두, 자신들의 안전지대, 일률적 사고방식, 그리고 각 분야의 영역과 습관을 벗어나야 공동연구의 성공을 맛볼 수 있는 것이다. 과학자들은 감지적 직관과 애매성과 불확정성을 용납할 줄 알아야 하고, 건축가들은 이 새로운 발생의 과학과 서식지의 생태와 거주의 현상학에 관심을 더해야 한다.

생태시학적 건축

건축 전반의 미래를 향해, 특히 생태적 건축을 위해, 나는 생태시학적 건축(eco-poetic architecture)의 추구를 제안한다. 여기서 과학적(scientific), 감지적(aesthetic), 그리고 시적인(poetic) 방법들은 함께 조화를 이룬다. 감지적 그리고 시적 방법들은 아는 것, 존재의 이

해, 형성의 파악에 정당한 방법들로 인식되고 있다. 그렇기 때문에 우리는 생태학과 건축학 사이의 협조를 구해야 할 뿐 아니라, 동아시아 문화에 뿌리내리고 있는 감지적 그리고 시적인 방법들을 되찾아야 한다. 이 생물학적 그리고 문화적 지역주의와 한국 전통문화 속의 감지적 접근을 깨닫게 된다면, 우리는 우리의 미학, 공예, 그리고 이 세상에 존재한다는 사실만으로도 이곳을 더욱 좋은 곳으로 만드는 데 확실히 기여할 수 있을 것이다.

이 생태시학적 방법은 또한 현대인의 삶의 두 가지 주된 문제인 환경 악화와 인간 소외에 대한 답을 제공한다. 첫 목표는 보존과 함께 가는 건설이고, 둘째 목표는 감지성과 함께하는 건설이다. 인류 역사를 통틀어 지금만큼 건설 과정이 이렇게 파괴적인 적이 없다. 건물들(특히 국내 거주환경)이 이렇게 추하고 사람들에게 소외감을 주면서 상품화된 적도 없다. 거주지는 소유물로 변화했고, 인간의 존재는 얼마나 가졌는지로 평가된다. 이는 급속한 그리고 자본주의적 산업화와 현대화 때문이고, 과학적 그리고 기술적 방법들로 인간과 사회문제를 접근하기 때문이다. 물론, 부의 추구는 우리에게 물질적 복지를 가져다주었지만, 이로 인해 우리의 삶은 어떻게 변해버렸는가? 그러나 생태시학적 방법으로 접근하면 우리는 형성을 더욱 잘 이해할 수 있게 되고, 인간의 정주를 참여적 그리고 창발적으로 구축할 수 있게 된다.

이런 생태시학적 관점에서는 건축의 주요한 기능이 단순히 형태나 무엇을 보여주는 기호를 만드는 것이 아닌, 주거지와 정주할 수 있는 곳을 만드는 것이다. 생태시학적 건축가들은 최종적이고 닫힌 형태를 제공하지 않고 형성 과정들과 주변과 관계를 맺는 데 필요한 조건들을 제공한다. 이리하여 아름다움은 그저 돋보이는 것을 만드는 데에 있는 것이 아니고 변화를 이끌어내는 체험을 하게 하고, 살아있는 자연과 우리 사이의 관계에 대한 이해를 높여, 자연 보호반응을 불러일으키는 데 있는 것이다.

양자역학을 통해 알 수 있듯이, 물질적(material)이나 인식적(cognitive)인 형성은 지각(perception) 과정과 떼어놓을 수 없으며, 형태적 개별화는 '상황 현상(situated

네덜란드 아른헴 시에 위치한 모니킨 하우징(Monicken Housing) (ⓒ고주석)

phenomenon)'으로서의 환경과 능동적인 관계 맺음으로 일어나는 것이다. 이는 전통적으로 동아시아 지식인들과 학자들이 알고 실천하고 있던 바다. 그들은 자연과 친밀한 관계를 가짐으로써 인격을 키웠고 자연과의 접촉이란 바로 자신과의 접촉임을 알고 있었다.

우리는, 과학과 기술에만 의존하는 근대화 방식이 여러 가지 부정적, 파괴적, 그리고 소외감을 초래하는 것을 지켜봐 왔다. 과학이 우리에게 정보를 알려줄 수는 있어도 형성 과정은 아직 설명하지 못함을 알게 됐다. 반면에 비록 과학자들이 이제 형성 과정을 바깥에서 관찰한다고 하지만, 건축가들은 이미 수세기 동안 형성-만들기에 내부자로 참여하며 경험해 왔다. 여기서 생태시학적 건축은 또 다른 가능성을 제공한다. 보존적 건설, 그리고 감지적 느낌이 있는 건축을 넘어, 지속적 인간 정주가 자연보존의 기능까지 하게 하는 것이다. 이것은 즉 자연과 상호작용하여 공감적, 공생적 관계 맺음을 통해 지속적 발전을 이룰 수 있다는 것이다. 자연 체험은 인간을 키우고, 인간 서식지는 자연을 보살피는 것이다.

건축의 내부자와 외부자

생태체계와 환경경제의 이름으로 사용되기 전에, 그리스어 '오이코스(oikos)'[1]는 어원적으로 집과 가정을 가리키는 단어임을 우리는 기억해야 한다. 오이코스는 감지적 개념이 되어 단순히 물체 아닌 현상이고, 이념만이 아닌 체험의 대상이다. 우리가 존재한다라는 것은 시간에 거주한다는 것이다. 집에서 체험하는 우리의 시야는 초점적이 아니고 주변적이다. 우리와 환경이 하나가 될 때 동화와 수용을 통해 우리는 '편안함(at-homeness)' 또는 정착감을 체험한다. 적응하는 것이라고 할 수도 있다. 이렇다면 집이란 발명이 아닌 적응하는 것이고, 보여주기보다는 존재를 위한 것이며, 외적인 것이 아니라 내적인 것이다. 정주의 건축은 이로써 관계 중심적이고 몸을 싸매는 옷과 같이 되는데, 이는 전통적으로 여성적 성향으로 인식되어 왔다. 하지만 서양적 건축에서 형태를 만드는 과정에는 비율과 기하학이 기준이다.

이럴 때 건축은 객체가 되고 우리는 외부인으로 전락한다. 이 시대에 우리가 소외를 느끼는 이유는 바로 여기에 있다고 할 수 있는 것이다.

건축을 주거로 이해하는 데에는 체험(개념이 아닌 감지적 체험)만큼 효과적인 게 없다. 건축가들은 건물을 만들고 주거지를 건설하면서 이를 깊이 경험할 수 있다. 여기서 이념과 물질, 그리고 과정과 결과물은 더 이상 이중적이지 않으며, 인과적이 아닌 창발적 형태를 가진다. 문제들은 선험적으로 정의되지 않으며, 이론과 실천은 서로에게 영향을 끼치게 된다. 안타까운 사실이지만, 요즘 너무 많은 건축가들이 이 만드는 건설 과정에서 단절되어 있고, 설계만을 건축의 핵심으로, 그리고 개념과 이미지를 설계의 핵심으로 받아들이고 있다.

과학자들이 외부자로서 관찰함을 뜻하는 것이 생태계적 사고라면, 서식지적 사고란 거주자들이 내부자로서 체험하는 것을 의미한다. 하지만 생태시학적 건축은 내부자와 외부자의 관점들의 통합을, 그리고 설계와 건설의 통합을 요구하며, 이는 설계와 시공을 가능성이 열려 있는, 역동적인 과정으로 추구하는 것이다. 건축의 일차적 목적은 에너지와 물질을 아끼기 위함이 아니라, 우리의 삶을 지원하기 위함이다. 하지만 우리는 건축하는 과정에서 좀 더 이념적으로는 창의적이어야 하고, 물질적으로는 보존적이어야 하며, 환경적으로는 관심을 가져야 한다. 이러할 때, 우리는 거주지를 인간 정서를 키우는 대행자로 세워, 인류의 지속성을 촉진할 수 있는 것이다.

그리고 외부에서 보는 눈길만으로는 생태시학적 건축이 갖추고 있는 미세함과 디테일을 완전히 파악할 수 없는 것을 잊지 않아야 한다. 이런 건축은 이미지를 뛰어넘어 살아 고동치는 맥박을 가지고 있다. 어떤 건물들은 생태학적이고 어떤 건물들은 지속적이지만, 안타깝게도 두 속성을 모두 갖추고 있는 건물들은 자주 볼 수 없다. 하지만 전통적이고 토착적인 건축은 생태적이며 감지적이고, 현지 재료와 현지 기술을 사용하기 때문에, 지역 경제에 기여할 뿐아니라, '우리에게 편안함'을 주기에 필수조건인 친밀한 느낌을 제공해 준다.

근대화의 파괴적 시기를 겪은 한국의 현대건축은 아직도 시각적 헤게모니를 버리지 못했다. 외관의 아름다운 형태만을 추구하고, 물성을 생기 없는 것으로 치부하고, 체화된 에너지를 도외시하는 것 말이다. 이런 건축은 맥박도 뛰지 않고, 숨도 쉬지 않으며, 율동은커녕 인간의 온기와 영혼을 상실하게 한다. 이런 건축미는 합리적이고, 시각적이며, 차가운 엘리트주의 성향을 띠고, 촉각과 친밀함이 부족한 것이다. 그러나 만약 우리가 통합적 생태 미학으로 보완된 지속성을 실현하게 된다면, 우리는 건축을 파괴하는 생태학과 또 생태학을 파괴하는 건축을 피할 수 있을 것이다.

요약하자면 생태시학적 건축은 탈과학적 패러다임에 대한 세계적 반응의 하나다. 이는 환경과 소외에 관련된 이슈들을 동시에 다룬다. 이는 또한 생물기후적, 문화적 지역주의의 건축이고, 문화적 탈식민화를 재촉한다. 이러한 건축은 동아시아의 고유의 내재자의 우주론과 감지적 삶의 방식에서 찾아볼 수 있고 구체적이고 특정함을 추구하는 문화를 회복하게 한다. 가장 중요한 점으로, 이러한 건축은 또한 건축의 주된 존재 이유를 주거로 돌려세우고, 건축으로 하여금 파괴적이고, 자연 착취를 일삼는 남성주도적 충동으로부터 돌아서게 한다.

과학적이면서도 감지적 패러다임의 건축으로서 생태시학적 건축은 더 나아가 미학 그 자체를 포괄적이고, 일상적이고 지속적이게 한다. 그러나 공동체와 조화를 추구하는 이러한 건축은 또한 자주 보수적인 경향으로 빠지는 위험이 있다. 그리고 이는 생태여성주의와 음-패러다임의 순응적 건축으로서 자연(즉, 우리 몸)을 상품이 아닌 공동체이자, 우리를 보호하고 지원하는 모체로 본다. 여기서 물성의 핵은 영혼이다.

최근에 한국이 국제건축가연맹의 세계건축대회를 개최하면서 이용했던 포스터에는 남대문과 동대문 디자인 플라자(DDP)[2]가 같이 묘사되어 있었다. 이 둘은 새로움과 옛것, 전통과 현대, 현지와 세계, 친근한 것과 낯선 것을 뜻한다. 실제로 이는 세계로 진출하고 있는 역동적인 한국을 묘사하는 데 매우 적절한 구성이었다. 내가 아는 한 한국 외에 세계의 어떤 나라도 건축물을 국보1호로 취급한 경우가 없다. 어쩌면 우리는 이 대문을 우리의 건축 품질 관리의 상징으로 사용해도 될 듯하다. "어떤 비문화적 건축도 이 대문을 지나 우리 도시와 풍경을 파괴하지 못할 것이다"라는 선언처럼 말이다.

그러나 DDP는 과연 한국적이고 생태적인 건축일까? 그것은 원래 의도대로 경관으로서의 건축을 성취하는 데 성공했을까? 이제 한국은 자신만의 길을 되찾고 한국 전통건축에 반영된 지속적이고 통합미학적 건축으로 세계 건축 흐름에 기여하고 서양의 사고와 문화 전통을 따라가는 것을 멈추어야 하지 않을까?

생태시학적 건축의 가능성은 뚜렷하다. 보존적인 건설, 감지적인 건축, 그리고 '집으로서의 건축'. 생태학을 환경 감지적 과학으로, 그리고 오이코스, 즉 거주를 감지적으로 받아들이면서, 우리는 그저 결과의 '무엇'으로만 그치지 않고 과정의 '어떻게'를 추구해야 한다. 다시 말해, 자연을 보호하는 것에 그치지 않고 자연스러운 것을 추구해야 한다.

한국 건축은 이제 순환적 경제와 환경적 미학의 건축을 실천해야 할 때를 직면하고 있다. 즉 생태적 그리고 지속성을 가진 경제로서, 건축 재료의 순환적 경제를 갖추고, 포괄적 미학으로 순환적 미학을 도입하고, 조화를 이루며, 시간을 체험하게 하는, 체화되고 친밀한 건축을 이뤄야 한다. 건축을 이기 중심에서 생태 중심으로 전환하여 우리는 우리 환경의 참 정체성을 보존하고, 편안한 우리가 되어야 한다. 이는 국내 과학자들도 과학의 한계를 인식해야 됨을 뜻한다. 한국 전통의 핵심은 감지적 길이다. 그것이 한국 건축의 길이다.

---

1 오이코스 그리스어로 집을 의미한다. 영어의 경제(economy)와 생태(ecology)의 어원이다.

2 동대문 디자인 플라자 자하 하디드(Zaha Hadid)가 설계한 복합문화공간으로, 서울시 중구에 위치한다. 옛 동대문운동장이 철거된 자리에 지어졌으며 규모는 연면적 8만 6,574m², 지하 3층, 지상 4층이다. 유선형의 형태가 특징이며 외피를 구성하는 알루미늄 패널은 같은 모양이 하나도 없는 총 4만 5,133개의 패널로 이뤄져 있다.

자연과 공생하는 건축

PART2

도시환경에서의 생물다양성 통합

자연과 공생하기 위한 도시녹화

야생 조류를 배려하는 도시-건축

건축 패러다임의 전환, 자연순환 재료 '흙'

자원절약과 순환의 대안적 삶, 생태마을과 공동체

자급자족의 삶, 오프 더 그리드 하우스

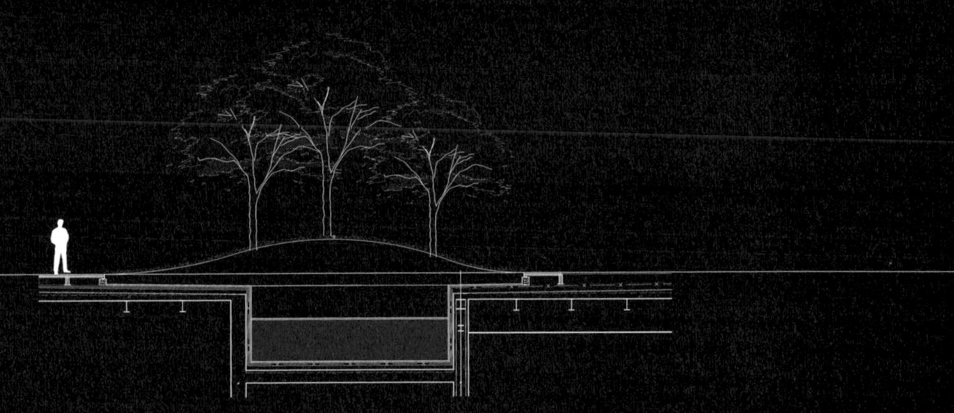

도시환경에서의 생물다양성 통합

글 **오르탕스 세레**(독립 컨설턴트, 연구원)

오르탕스 세레(Hortense Serret)는 파리의 내셔널뮤지엄오브내추럴히스토리에서 생태학 박사 학위를 받았다. 그는 컨설팅 회사인 ARP-아스트랑스의 '생물다양성과 바이오필리아' 관련 부서를 이끌며 생물다양성과 부동산 프로젝트를 접목시키는 작업을 진행하고 있다. 3년간 이화여자대학교에서 근무했고, 동아사이언스와 함께 생물다양성 모니터링을 위한 시민과학 프로그램 개발에 참여했다.

생물다양성과 바이오필리아

'생물다양성"이라는 용어는 월터 로젠(Walter G. Rosen)이 1986년 미국 워싱턴DC에서 열린 '생물학적 다양성에 관한 국가 포럼(National Forum on Biodiversity)'을 계획하면서 처음 사용했다. 이후 1988년 에드워드 윌슨(Edward O. Wilson)의 책이 출간되면서 대중화됐다. 지금은 여러 맥락에서 널리 사용되고 있는데, 일반적으로는 종 내부의 다양성, 종 다양성, 생태계의 다양성과 이러한 모든 요소 간의 상호작용 등을 의미하는 '유전자의 다양성'으로 정의된다. 그리고 2019년 출간된 IPBES 보고서에서 생물다양성은, '살아있는 자연(living nature)'의 일부로서 '비인간의 세계'를 가리키는데, 이 정의는 살아있는 유기체와 이들의 다양성, 이들 사이의 그리고 비생물적 환경과의 상호작용 등을 특별히 강조한다.

에드워드 윌슨에게 생물다양성은 단순히 '사람이 활용할 수 있는 자원' 이상을 의미한다. 그에게 자연계의 다양성이란 생태계의 회복력을 확보하는 것이자 인류 행복에 필수적이다. 이러한 맥락에서 생물다양성 개념이 '생명에 대한 사랑'을 뜻하는 단어 '바이오필리아'와 함께 등장했다는 사실은 놀랍지 않다. 바이오필리아는 1980년대 중반 월터 로젠이 처음 고안한 단어로, 이후 에드워드 윌슨의 저서『바이오필리아: 다른 종과 사람의 유대(Biophilia: The human bond with other species)』가 출간되며 대중화되었다. 이 책에서 윌슨은 바이오필리아의 개념을 "생명체 및 생명체와 유사한 과정에 집중하려는 선천적 경향", 혹은 "다른 생명체에 대한 인간의 선천적인 정서적 제휴", "인간이 다른 형태의 생명체에 대해 갖는 선천적인 친밀성, 상황에 따라 즐거움이나 안정감, 경외감, 심지어는 혐오감과 섞인 매혹에 의해 환기된 소속감" 등으로 기술했다.

윌슨에 따르면, 자연과의 정서적인 연결은 자연계 안에 있는 인간이 자연과 공진화(co-evolution)하면서 물려받은 특성으로 인간의 육체적 건강과 행복에 있어서 매우 중요하다. 이러한 아이디어를 따라 자연의 치유 효과를 더 잘 이해하기 위한 연구들이 시작됐다.

자연을 건물 내부로 끌어들이는 것은 바이오필릭 디자인 방법 중 하나다. (Image courtesy of International Living Future Institute, Dixon Water Foundation)

로저 울리치(Roger Ulrich)는 환자가 수술 후 회복실에서 자연 풍경을 볼 수 있는지의 여부를 기준으로 회복 능력을 비교했다. 연구 결과, 자연 풍경이 보이는 방에 머무는 환자의 경우 수술 후 입원 기간이 짧았고 강력한 진통제를 덜 복용했다. 이 연구에 이어 레이첼 카플란(Rachel Kaplan)과 스티븐 카플란(Stephen Kaplan)은 '주의 회복 이론(attention restoration theory)'을 발전시켰다. 이 이론은 자연과의 접촉이 인간의 스트레스와 불안을 줄여서 인간의 신체적 능력뿐만 아니라 정서를 회복하는 효과를 낸다는 것이었다.

이처럼 우리가 자연을 필요로 함에도 불구하고, 도시에 거주하는 대부분의 사람들에게 자연을 경험하는 일은 점차 줄어들고 있다. 2007년 이래로 전체 인구의 절반 이상이 도시에 거주하고 있으며, 이러한 경향이 수그러들 기미는 보이지 않고 있다. 국제연합에 따르면 2050년까지 세계 인구의 68%가 도시에 거주할 것으로 예상되고 있다. 선진국들로 한정하면 도시화율은 이미 85%에 도달한 상태다. IPBES 보고서(2019)는 도시화를 생물다양성 침해 원인의 하나이자 도시 거주자들을 자연계와 더욱 단절시키는 요인으로 지목하고 있다. 1978년 로버트 파일(Robert Pyle)은 이러한 상황을 '경험의 소멸'이라는 용어로 공식화했다. 이 이론에 따르면, 자연적 요소와의 직접적 접촉의 결핍은 자연에 대한 혐오로 이어진다. 이후 여러 연구자들이 이 생각을 차용해, 경험 소멸로 인해 자연에 대한 행동 변화가 발생할 수 있음을 보여주려 했다. 자연과 정서적으로 덜 연결될수록, 자연을 보호하려는 우리의 의지도 줄어든다는 것이다.

스티븐 켈러트(Stephen R. Kellert)는, 우리가 자연과 단절되는 주요 원인으로 근대 건조환경(建造環境)[2]의 발전과 그 디자인을 꼽고 있다. 근대의 건조환경이 자연을 제거하거나 자연을 디자인의 부속으로 취급해 왔다는 것이다. 인간은 주변의 환경에서 오는 여러 자극들로 충만한 자연계에서 진화해 왔다. 하지만 오늘날에는 자연과 완전히 단절된 건축물에서 90%의 시간을 보내고 있다. '바이오필릭 디자인(biophilic design)'[3]이라는 개념은 이러한 건

조환경에서 자연에 대한 경험 또는 자연에서 오는 자극을 다시 만들어내기 위해 고안됐다. 이와 관련해 켈러트는 건축 및 디자인 실무에서 효과적으로 적용될 수 있는 몇 가지 바이오필릭 디자인 원칙을 정립했다. 첫째, 자연에의 직접적인 체험으로 식물, 동물, 공기, 물, 자연 채광 및 풍경과 같은 환경적 특징(시각적 접촉과 만지고 느낄 수 있는 가능성을 뜻함)과 직접 접촉할 수 있게 한다. 둘째, 자연에의 간접적인 체험으로 자연의 재현 혹은 자연의 이미지와 접촉하거나 자연계에서 볼 수 있는 특정 패턴 및 프로세스 특성에 노출시킨다. 여기에는 자연의 그림과 예술작품, 자연 소재와 자연적인 형태나 요소에서 영감을 얻은 디자인의 통합, 또는 생체 모방을 사용한 건축적 특징이나 디자인이 포함된다. 셋째, 공간 및 장소의 경험으로 '조망과 피난처', '이동성 및 길찾기'라는 '안전'과 '자연의 복잡성'을 상기시키는 장소와 같이 인간의 건강과 행복을 향상시킨 자연환경의 특성을 포함한 건축적 특징을 경험할 수 있는 가능성을 포괄한다.

도시지역에서 그리고 건축물 단위에서 자연과 다시 통합하는 것은, 일반적으로 도시 거주자들을 자연적 요소와 더 가깝게 만드는 방법이다. 또한 건조환경에서 자연과의 재통합은 생물다양성을 지원할 뿐만 아니라 사람들의 신체적, 정서적 건강과 행복에도 기여할 수 있는 엄청난 잠재력을 가지고 있다. 환경문제와 관련해서도 삶의 질 향상에 중점을 둔 도시 전략은 이타주의, 윤리, 자기 희생 등을 요구하는 정책보다 보전의 측면에서 더 효과적일 수 있다. 결국 도시 녹지 공간의 최적화는 이러한 문제들을 조정할 수 있는 좋은 방법이다.

도시지역에서 녹지 공간의 중요성

생물다양성을 되찾는 것은 건축물뿐만 아니라 도시 및 지역의 범위에서도 자연과 다시 연결되는 기회를 되살리는 방법이다. 최근 다수의 연구에 따르면, 사람들이 살고 있는 도시 녹지 공간에 대한 쉽고 규칙적인 접근은, 심리적 측면뿐만 아니라 신체 건강과 관련해서도 이로

(왼쪽) 녹지 공간은 지역 간의 연결을 도모하고, 사람들의 신체적·정서적 건강을 증진시키며, 다시 자연과 연결되도록 돕는다. (ⓒ Hortense Serret)
(오른쪽) 반두센 식물원 방문객 센터(Vandusen Botanical Garden Visitor Center)의 형태는 꽃과 꽃잎에서 영감을 받았다. (Image courtesy of International Living Future Institute)

움이 있다. 사람들이 일터에서 일하는 동안 녹지 공간에 접근할 수 있으면 직원들의 스트레스와 잦은 결근을 줄이는 데 긍정적 영향을 주고 심지어 전략적 이점도 있는 것으로 드러났다. 실제로 이러한 연구를 수행했던 일부 저자는 자연에 대한 접근과 조망이 직원의 생산성을 향상할 수 있음을 증명해 내기도 했다.

도시에서의 녹지 공간 개발은 생물다양성에 기여할 수 있는 서식지를 재생산하는 가장 좋은 방법으로 보인다. 샌프란시스코에서는 도시공원이 다양한 식량 자원을 제공하며, 꿀벌들에게는 도시적 규모 면에서 일종의 피난처로 간주될 수 있다. 영국에서는 주요 도시 네 곳에서 주거용 정원 및 시민농장(커뮤니티 정원)이 수분 매개체의 '핫스팟'으로 여겨졌다는 사실이 연구 결과 밝혀졌다. 이 도시에서 이러한 유형의 녹지 비율은 광범위한 영역을 차지한다. 지붕녹화나 벽면녹화와 같은 도시 기반시설은 생물다양성에 기여할 수 있는 서식지를 재생하고 생태학적 연결성에 '디딤돌'로 기여할 수 있는 방법이기도 하다.

보존의 관점에서 도시 녹지 공간에 대한 관심은 연결성, 즉 다양한 생물 종들을 도시 조직으로 분산시킬 수 있는 능력과 관련이 있다. 이러한 능력은 유전자의 흐름을 유지하기 위해, 그 결과로 집단의 회복력을 유지하기 위해 중요하다. 도시의 녹지 네트워크가 도시의 밀집지역에서의 연결 유지에 도움이 된다면, 교외지역의 연결을 강화하기 위해 사업장의 녹지 같은 다른 녹지 공간을 동원할 수도 있을 것이다.

더 일반적으로, 도시의 녹지 공간은 도시가 어떤 충격으로부터 회복하는 능력, 즉 회복탄력성(capacity of resilience)에 몇 가지 중요한 생태계 서비스를 제공한다. 도시농업의 발전이라는 틀에서 볼 때 수분매개체의 존재는 샌프란시스코처럼 작물 생산을 보장하고 있다. 홍수 조절이나 도시 열섬현상 감소와 같은 다른 기능들은 녹지 공간의 크기나 면적과 직접 관련돼 있다. 이 마지막 측면은 기후변화가 특히 도시지역에서 가장 취약한 사람들의 건강을 위협하는 상황에서 중요하다. 서울과 같은 도시에서 식생이 적은 지역은 고온으로 인한 더

높은 사망률과 연관되어 있는 것으로 나타났다.

도시 내부에서 자연을 기반으로 한 해결책은 도시 거주자의 행복과 건강 그리고 기후변화에 대한 적응에서 필수적이다. 2004년 당시 세계에서 가장 비싼 하천 복원사업이었던 청계천 복원 프로젝트가 서울에서 추진되면서 청계천 위의 고가도로가 철거됐다. 하천이 다시 열리고 수로를 따라 6km 길이의 녹지 공간이 조성됐는데, 이 프로젝트는 좀 더 친환경적이고 인간 지향적인 도시 공간을 만들기 위해 도시가 노력하는 사례로 볼 수 있다. 이 프로젝트로 조성된 녹지 공간은 대기질을 국지적으로 개선하고, 도시 열섬현상을 국지적으로 감소시키며, 다양한 종들에게 적합한 서식지들을 만들어 냄으로써 도시 거주자의 행복과 생물다양성 보전에 기여하고 있다.

도시의 녹지 공간을 개선하기 위한 제안

생물다양성 보전에 대한 관심을 불러일으키고 도시 거주자를 자연과 다시 연결하는 역량을 확보하기 위해선 도시의 녹지 공간을 설계할 때 구체적인 특성들이 갖춰져야 한다. 이를테면 크기, 연결성, 개입을 조율해 내며 여러 기능을 창출할 수 있는 여유 공간, 그리고 생물다양성에 기여할 수 있는 적합한 서식지의 존재 등이다. 토종 식물과 수목의 디자인과 통합, 서식지와 식물층의 다양화, 그리고 전반적인 관리는 생물다양성과 사람들을 위한 도시 녹지 공간의 질을 높일 수 있는 가장 효과적인 수단이다.

이와 관련해 세 가지 제안 사항이 있다. 먼저 자연을 위한 공간 만들기와 지점 간의 연결이다. 이는 도시 내부에 자연을 위한 더 많은 공간을 확보하는 것이며, 도시적 스케일에서 연결성의 강화는 지속가능한 도시계획의 개발을 통해 가능하다. 구체적으로 다음과 같은 전략이 있다.

우선 생물다양성의 핫스팟 또는 지역 규모의 '저장고'를 발견하는 것이다. 이러한 공간에 대

(왼쪽) 밀라노에 위치한 보스코 베르티칼레(Bosco Verticale)는 2만 1,000그루의 식물과 나무를 심도록 계획된 건물이다. (Image courtesy of Ricardo Gomez Angel, Unsplash)
(오른쪽) 파리 근교의 어느 근무지에 있는 녹지 공간의 모습. 근무지에 녹지 공간이 있으면 근로자들의 업무에 긍정적 영향을 끼친다. (ⒸHortense Serret)

한 관심은 습지, 연못, 자연 초원 등 자연 서식지의 다양성과 희소성 및 이와 연관된 종의 존재 및 다양성과 관련이 있다. 흥미로운 점은 위계가 있는 시스템은 도시화에서 이들 공간을 보호하는 것을 우선순위에 두고 다른 종의 생물다양성을 유도할 수 있는 능력을 회복하는 방법이 될 수 있다는 것이다. 또한 여러 종들의 이동과 확산이 가능하도록 저장고들을 연결하는 생태통로를 발견하는 방법도 있다. 가장 중요한 통로의 보존과 새롭고 잠재적인 통로의 복원으로 생태문제를 조정하고 교통량이 적은 보행로나 심지어 환경 교육을 전담하는 다기능 공간을 만들 수도 있다. 밀도가 높은 도시지역에서 이용 가능한 지역을 찾기가 쉽지 않기 때문에 건물 옥상과 벽을 녹화할 수도 있고, 가로수 아래쪽이나 거리에 화분상자를 설치할 수도 있을 것이다.

두 번째 제안 사항으로는 녹지 공간의 생태적인 개념 및 관리를 보편화하는 것이다. 녹지의 개념과 관리는 생물다양성을 위한 서식지의 질에 영향을 미치는 가장 중요한 요소로 보인다. 개념에서부터 일반적 관리에 이르기까지, 몇 가지 지침들은 먹이 획득, 번식, 휴식 등 여러 생물 종들의 요구에 대응하기 위해 중요하다.

먼저 토착종을 우선시해야 한다. 토착종은 지역의 생물다양성에 더 적합하며 지역의 다른 토착종들의 먹이이자 영양소의 공급원이 된다. 또한 이들은 관리가 덜 필요하고 환경 조건에 더 강하다. 서식지 다양화도 필요하다. 디자인을 시작하는 단계에서부터 서식지와 지층의 다양화를 고려하고 울타리, 습지, 덤불, 초원과 같은 야생동물을 위한 다양한 피난처를 만드는 것이 중요하다. 이러한 서식지는 여러 기능을 갖도록 계획할 수 있다. 예를 들어 습지는 우수를 관리하도록 설계할 수 있다. 벌초 빈도를 줄이는 것도 도움이 될 수 있다. 벌초 빈도수 감소는 식물군 다양화에 영향을 주고 도시에서 꽃가루 매개체를 지원하는 좋은 방법이다. 꽃가루 생산 식물의 개화를 돕고 피난처를 만들 수 있다. 살충제 사용을 금지하는 것도 중요하다. 집에 있는 정원에서 살충제를 사용하면 꿀벌과 나비에게 부정적인 영향을 미치는 것으로 밝혀졌다. 제초 또한 열이나 증기 등 다른 방법으로 대체할 수 있다. 토양 관리 또한 필요하다. 뿌리 덮개를 씌우는 것은 토양이 밖으로 드러나지 않게 하는 기술이다. 식재 사이에 짚이나 식물 폐기물을 더해 토양의 건조를 예방하고 필요한 영양소를 제공할 수 있다. 야생동물을 위한 대피소 설치도 중요한 이슈다. 적절하게 현지화될 경우 '곤충 호텔'과 같은 새와 박쥐를 위한 둥지 상자는 여러 종들의 생식 능력을 향상할 수 있다.

끝으로 의사소통의 중요성을 말하고 싶다. 녹지의 생태적 관리가 생물다양성 보존에 왜 그리고 어떻게 중요한지를 사람들에게 이해시키기 위해서다. 시민과학과 같은 활동이나 교육 내용을 사람들에게 제공함으로써 생물다양성 문제에 대한 일반인의 인식을 높이는 일은 인간의 행복이 왜 자연과 밀접하게 관련되어 있는지, 그리고 우리가 얼마나 자연에 의존하고 있는지를 이해하게 만드는 효과적인 방법이다.

1 **생물다양성** 기본적으로 지구상에 존재하는 모든 생물의 다양성을 뜻한다. 1989년 세계자연보호재단이 규정하기로는 '수백만여 종의 동식물, 미생물, 그들이 가진 유전자, 그리고 그들의 환경을 만드는 생태계 등을 모두 포함하는 이 지구상에 살아 있는 모든 생명의 풍요로움'이라고 언급한 바 있다. 생물다양성은 생태계 수준에서는 생태학적 다양성을, 생리학적인 측면에서는 환경에 적응할 수 있는 생물의 다양한 생리적 기능을 의미한다.
2 **건조환경** 구조물, 시설물 등을 이용해 축초한 인공 조성 환경 전반을 포괄하는 단어다. 대표적 건조환경으로는 건축, 토목 등이 있다.
3 **바이오필릭 디자인** 바이오필리아와 디자인의 합성어다. 자연친화 사상인 바이오필리아의 인간의 자연을 향한 본능에 대한 이해를 바탕으로 한 디자인 행위, 친환경적 설계를 의미한다.

자연과 공생하기 위한 도시녹화

글 **김진수**(랜드아키생태조경 대표)

김진수는 강원도 횡성 태생의 촌사람으로 고려대학교에서 인문학을 전공하였다. 생태조경과 환경운동에 관심이 많아 조경과 관련된 일을 하며 특히 옥상녹화에 관심이 많아 16개국의 옥상녹화를 답사하였다. 산림청 및 여러 대학과 지자체에서 옥상녹화 관련 강의를 하였으며 관련 국제세미나에도 여러 번 참가하고 발표하였다. 현재 (주)랜드아키생태조경 대표이사로 재직하고 있고 (사)한국인공지반녹화협회의 부회장이며 여러 환경단체에서 이사로 활동하고 있다.

자연상실의 시대와 도시녹화

코로나바이러스감염증-19 사태로 인해 우리네 인간의 취약성이 그대로 드러났다. 그동안의 과학발전이 무색할 정도로 이 문제를 해결할 뚜렷한 대책이 없다. 그런데 이것은 서막에 불과할지도 모른다. 기후변화는 지금의 사태를 애교로 볼 정도로 우리에게 상상하기 어려운 고통을 안겨줄 것이 분명하다. 이 일은 먼 훗날의 일이 아니라 지금 우리들에게 곧 닥쳐올 '인간의 무한욕심'을 경계하는 '자연의 역습'에 의한 것으로 볼 수 있다.

'하이마트로지히카이트(Heimatlosigkeit)'. 하이데거가 사용한 이 난해한 독일어는 '고향상실'을 뜻한다. 고향을 상실해 고향에 대한 향수도 함께 상실해버린 현대인을 뜻하기도 하는데, 이 단어에 빗대어 또 하나의 단어를 떠올렸다. '자연상실의 시대!' 그렇다. 지금 우리는 자연을 상실한 시대에 살고 있다. 그리고 상실된 자연에 대한 향수를 품고 살게 됐다. 자연을 파괴하고 도시라는 공간에 모여 살면서 자연을 그리워하는 처지가 된 것이다. 또한 도시화로 인해 많은 생명들의 서식 공간이 파괴됐으며 도시에는 심각한 자연부조화 현상이 생기게 됐다.

그렇다면 도시에서의 녹화가 왜 이토록 중요할까? 왜 현대적 도시녹화[1]의 개념이 필요한 것일까? 산업화로 인해 도시화가 가속됐고 도시는 점점 커지게 됐다. 이로 인해 심각한 자연훼손이 발생했으며, '도시 열섬현상'[2]이라는 위협 요소도 생기게 됐다. 현대 도시녹화의 개념은 녹화를 통해 도시의 오염을 해결하고 도시민에게 잃어버린 자연의 향수를 돌려주자는 것에서 시작됐다. 그리고 생물다양성을 회복하고자 하는 목적도 추가됐다. 하지만 도시 내에 녹화할 공간이 부족해지고 오염이 심해지자 인공지반녹화[3]에 눈을 돌리기 시작했다. 1970년대 독일에서 시작된 인공지반녹화 기술은 1980년대 『옥상녹화지침서』가 독일 조경연구개발 및 건설협회에서 발행되면서 본격적으로 발전하게 되었다. 초기에 지붕을 녹화하는 것으로 시작된 인공지반녹화는 이후 지하 주차장 상부, 근래에는 건축물 벽면을 수직으로 녹화하는

'코펜힐'이라고 불리는 아마 리소스 센터는 코펜하겐의 폐기물 열병합 발전소를 옥상녹화한 프로젝트다. (Image courtesy of BIG)

것으로 발전하고 있다.

숲속의 대한민국과 현대적 도시녹화의 탄생

지금처럼 '콘크리트 숲'에 사는 우리 현대인들은 행복할 수 있을까? 인구의 대부분이 도시에 사는 한국의 경우는 어떠할까? 2020년 5월 20일 국회에서 통과된 법 중 「도시숲 등의 조성 및 관리에 관한 법률(이하 도시숲법)」이 있다. 2018년 산림청이 발표한 로드맵에서 '숲속의 대한민국'이란 단어가 처음 사용됐고, '도시숲법'은 이를 실현하기 위한 것 중 하나다. 그런데 우리는 도시에 충분한 숲을 조성해 자연과 공생할 수 있을까? 과연 어떤 방법으로 도시를 숲처럼 만들어 숲속의 대한민국을 이룰 수 있을까? 어떻게 하면 다시 도시의 자연적 기능을 살려 자연과 공생할 수 있을까?

콘크리트 숲이 된 현대의 도시들은 도시 열섬현상으로 인해 사람이 살기에 적합하지 않은 곳이 되어버렸다. 이러한 이유로 많은 나라에서 도시 열섬현상을 줄이기 위해 옥상녹화나 수직녹화*를 구상하게 됐다. 특히 환경 규제가 심한 독일에서 현대적 옥상녹화 기술이 등장하게 됐는데, 특히 공업지역이 많은 데다 분지 지형이어서 대기 환경오염이 심했던 슈투트가르트에서 본격화됐다.

이처럼 독일에서 발전한 현대적 옥상녹화가 생태적 기능에 초점을 맞춘 것과 달리, 건축물의 외관에 특징을 부여하며 디자인 측면을 강조하는 옥상녹화의 방향도 있다. 몇몇 건축가는 이를 통해 전 세계적으로 꽤나 유명세를 탔다. 자하 하디드(Zaha Hadid), 프리덴스라이히 훈데르트바서(Friedensreich Hundertwasser), 위니 마스(Winny Maas), 렌조 피아노(Renzo Piano), 켄 양(Ken Yeang)과 같은 건축가들이 이러한 부류이다. 하디드는 동대문디자인 플라자의 옥상을 녹화해 국내에서 유명해졌다. 훈데르트바서의 경우, 오스트리아에 옥상조경을 이용한 독특한 스파호텔단지 바트 블루마우(Bad Blumau)를 조성해 전 세계적

으로 주목을 받았다. 그리고 프랑스의 식물학자 패트릭 블랑(Partick Blanc)은 2018년 4월 부산현대미술관을 수직녹화해 국내에서 주목을 받았다. 이후 많은 식물이 고사하면서 '흉물' 논란이 일기도 했지만 그 실험적인 수직녹화는 이목을 끈 것만으로도 성공했다고 말할 수 있다.

인공지반녹화의 현주소

도시녹화를 대표하게 된 인공지반녹화의 현 상황에 대해 알아보자. 앞서 언급했듯이 독일은 생태적 기능의 옥상녹화를 중요시했다. 빗물을 저장해 사용하고 에너지를 절감하는 생태적 접근법은 적은 비용으로도 많은 면적을 옥상녹화 할 수 있다는 장점이 있다. 그러나 독일에 비해 도시의 밀도가 높은 국내 여건은 완전히 다르다. 독일과 같은 엄격한 기준도 없을뿐더러 모호한 법적 기준은 더 큰 문제다. 옥상녹화를 통한 장점은 헤아릴 수 없이 많다. 도시의 온도 저감, 건물 에너지 절감, 미세먼지 저감, 우수유출 저감 및 유출량 지연을 통한 홍수예방, 환경오염 저감, 생태계 재생 및 생물다양성 증진, 녹지 확대를 통한 도시민들의 휴식 공간 제공 등이 대표적이다. 이런 장점들로 인해 많은 지방자치단체들이 비용을 들여 옥상녹화 지원사업을 하고 있다. 콘크리트로 훼손된 자연을 회복하기 위해서는 결국 콘크리트 위를 녹화하는 방법 말고는 다른 대안이 없기 때문일 것이다.

그렇다면 옥상녹화의 기술은 어느 단계에 와 있을까? 현대 옥상녹화의 기술과 기준은 대부분 독일에서 비롯됐다. 옥상녹화 가이드라인이 있는 다른 선진국의 경우에도 일반적으로 독일의 가이드라인을 참고로 했다. 독일 기술의 핵심은 빗물 저장과 저장된 빗물을 토양에 적절하게 공급해 유지관리 비용을 적게 들이며 식물이 잘 적응해서 살 수 있도록 한 것이 특징이다. 하지만 안타깝게도 국내의 옥상녹화는 이런 기술을 효과적으로 반영하지 못하고 있는 듯 하다. 최저가 입찰 문제와 저렴하게 조성하고 준공 허가만 받으려는 인식이 주를 이루기

(왼쪽) 뉴욕의 하이라인은 낙후된 지역의 경제를 살리면서도 아름답게 설계된 옥상공원으로 주목받았다. (ⓒ김진수)
(오른쪽) 프랑스의 식물학자 패트릭 블랑은 부산현대미술관 외관에 실험적인 수직녹화를 시도했다. (ⓒ김진수)

때문이다. 그리고 이를 경계하고 규제하기 위해서는 제도적 뒷받침도 더 개선되어야 한다. 저렴하게 법적 기준을 충족시키기 위한 옥상녹화를 한 뒤 이를 방치해서 오히려 건물의 경관을 해치고 방수 측면에서 건물에 나쁜 영향을 미치는 경우를 피하기 위해서 말이다.

한동안 세계 옥상녹화의 화두는 뉴욕 하이라인이었다. 오죽하면 '하이라인 효과(The High Line Effect)'라는 신조어가 생겨났겠는가? 서울로 7017은 이러한 하이라인 효과의 산물이지만 뉴욕 하이라인이 주목받은 것은, 이곳이 민간단체 주도로 조성되고 공사 비용을 상당 부분 기부금으로 해결했으며, 낙후된 지역의 경제를 살리면서도 정말 아름답게 설계한 옥상공원이기 때문이었다.

그리고 최근 화제가 된 옥상녹화는 코펜하겐의 폐기물 열병합 발전소를 옥상녹화한 프로젝트이다. 얼마나 멋진 발상인가? 2019년 10월에 개장한 이 쓰레기처리장은 옥상녹화 면적이 1만 6,000m^{2}에 다다르고 네 개의 스키리프트와 하이킹 및 산책 코스가 조성됐다. 이 건물의 높이는 87m이다. 이 건물의 정식 이름은 아마 리소스 센터(Amager Resouce Centre)이지만 옥상녹화로 인해 '코펜힐(Copenhill)'이라는 별명이 붙었다. 산이 없는 코펜하겐에 기상천외한 아이디어로 아름답고 획기적인 장소를 만들었다. 그들은 이런 발상을 현실화하고 좋은 옥상녹화의 기술을 접목하여 해결했다. 여기에 사용된 옥상녹화 시스템 또한 독일의 기술이며 독일 회사의 제품으로 해결했다. 그 회사의 사옥 옥상도 태양광 설비와 함께 생태적이며 편안한 디자인으로 조성됐다.

지금 말한 두 가지 사례는 옥상을 적극적으로 이용하기 위한 다목적형 옥상녹화에 속한다. 많은 비용이 투입되고 그만큼 많은 사람이 이용할 수 있어서 그만한 가치는 충분하다고 할 수 있다. 하지만 이 사례들은 옥상녹화의 특수한 경우들에 속하며 일반적인 경우는 아니다. 대부분은 생태형 옥상녹화이다. 합리적인 조성 비용과 생태적 기능에 충실하고 유지관리비가 최소한으로 소요되는 생태형 옥상녹화가 척박한 도시의 기능을 살리는 데 더 적합하기

때문일 것이다.

스위스 취리히공항은 옥상의 대부분을 생태형 옥상녹화로 조성했다. 이 옥상녹화의 특징은 이용을 전제로 하지 않은 옥상녹화라는 것이다. 즉 생태형(저관리형) 옥상녹화에 속한다. 독일 슈투트가르트도 한 예로, 태양광과 접목한 옥상녹화와 주거시설의 대부분을 비이용 생태형으로 옥상녹화를 한 것이 특징이다.

사실 우리에게도 세계적으로 유명한 옥상녹화 사례가 있다. 정부세종청사의 옥상이 그렇다. 세계에서 가장 큰 옥상녹화로 기네스북의 인정을 받은 정부세종청사 옥상조경의 면적은 무려 7만 9,194㎡이다. 정부세종청사의 옥상의 문제는 보안 때문에 상시 개방을 하지 않는다는 것이다. 적지 않은 비용을 들여 시범적으로 조성한 옥상녹화인만큼 보안 대책을 찾아 상시 개방하기를 바라는 마음이다.

그렇다면 수직녹화 기술은 어떠한가? 위에 말한 부산현대미술관 수직녹화의 일부 실패에서 보듯이 수직녹화는 옥상녹화보다 훨씬 더 어려운 기술이 필요하다. 부산현대미술관의 경우 양액재배[5]방식으로 식물을 생육하는데 유지관리비 또한 만만하지 않은 것으로 알고 있다. 또한 같은 면적에 조성하는 비용을 살펴봐도 옥상녹화의 몇 배는 더 들어간다. 수직녹화에 대한 관심이 미세먼지로 인해 예전보다 훨씬 많아진 것은 좋은 현상이지만 아직까지 완벽한 수직녹화 기술이 없다는 점은 염두에 두어야 할 것이다.

도시녹화의 미래

앞으로 도시녹화는 어떻게 변화할 것인가? 옥상녹화에만 국한하면 앞으로 생물다양성을 위한 옥상녹화가 많아질 거라 예상한다. 2017년 독일의 베를린에서 열린 국제원예전시회 IGA의 방문자센터 옥상은 생물다양성을 위한 녹화 사례로 주목을 받은 바 있다. 이것이 바로 자연과 공생하기 위한 도시녹화의 출발점이 될 것이다. 또한 뉴욕의 경우에는 공원여가국에서

정부세종청사 옥상조경의 면적은 7만 9,194m²로, 세계에서 가장 큰 옥상녹화로 기네스북의 인정을 받은 바 있다. (ⓒ김진수)

자체 건물의 옥상에 시범적 녹화를 설치해 많은 시민들이 그 기능과 효과에 대해 배우고 익히면서 옥상녹화의 중요성을 인식할 수 있도록 했다. 그들은 법적 기준만 강조한 것이 아니라 시민들에게 옥상녹화가 왜 중요한지를 교육하고 홍보하는 장소를 만드는 일도 중요하다는 점을 인식하고 있는 듯하다.

옥상도시농업 또한 활발해질 것으로 예상된다. 뉴욕의 브루클린의 경우, 자치구에서 옥상도시농업 활동을 시범 운영하고 있다. 이 사례들을 종합해 보면 도시녹화의 미래가 보일 것이다. 이를 정리하면 다음과 같다. 낮은 조성 비용과 유지관리 비용으로 생태형 옥상녹화가 확산될 것이고, 옥상을 이용한 도시농업이 활성화될 것이다. 특히 공장이나 대규모 상업건물 대부분은 옥상을 녹화하게 될 것이다. 또한 옥상녹화뿐만 아니라 수직녹화 기술의 발달로 입체녹화가 활성화될 것이고, 건축물 외피의 역할을 하는 새로운 기술들이 생겨날 것이며, 단순한 녹화가 아니라 생물다양성을 위한 녹화가 많아질 것이다.

그렇다면 이런 도시녹화의 미래를 위해 어떤 정책이 필요할 것인가? 기존의 정책을 검토하여 개설할 수 있는 여지를 살펴보고, 새로운 도시녹화 정책이 수립되어야 한다. 다양한 연구 지원을 통해 입체녹화의 기술개발 및 효과분석도 꼭 해야 한다. 과감한 시도 및 시범사업(띠녹지, 담장, 축대, 옥상, 자투리 공간 등)이 진행되어야 하며, 언론과의 협력을 통한 홍보로 옥상녹화에 대한 인식을 변화시켜야 할 것이다.

이런 것들을 통해 우리는 도시에서 건강한 삶을 영위하고 자연과의 공생을 이룰 수 있을 것이다. 동식물도 살지 못하는 곳에서 인간이 살 수는 없지 않겠는가? 자연과의 공생은 선택이 아닌 필수이다.

프리덴스라이히 훈데르트바서의 바트 블루마우는 오스트리아에 위치하는 스파호텔단지로 옥상조경이 적용됐다. (ⓒ김진수)

1 도시녹화 식생, 물, 토양 등 자연친화적인 환경이 부족한 도시지역의 공간에 식생을 조성하는 것을 말한다.
2 도시 열섬현상 주변 지역보다 두드러지게 따뜻한 도시지역이 나타나는 현상을 뜻한다. 이러한 현상이 발생하는 주원인은 도시화로
　인한 지표면 개발, 에너지 사용으로 발생한 열 등이 있다. 어반 히트 아일랜드(Urban Heat Island)라고도 한다.
3 인공지반녹화 인공적 구조물 위에 토양층을 형성하고, 식재를 하여 녹지 공간을 조성하는 것을 의미한다.
4 수직녹화 건축물이나 구조물의 벽면에 식물을 이용해 전면 혹은 부분적으로 녹화하는 것을 말한다.
5 양액재배 토양을 이용하지 않은 무토양 상태에서 작물을 여러 가지 방법으로 지지 및 고정하고, 작물생육에 필요한 필수원소를 그
　흡수비율에 따라 적당한 농도로 용해시킨 배양액으로 작물을 재배하는 방법이다.

야생 조류를 배려하는 도시-건축

글 **김영준**(국립생태원 동물관리연구실 실장)

김영준은 전남대학교에서 수의사 면허를 취득하고, KOICA 봉사단으로 방글라데시에서 2년을 보냈다. 충남야생동물구조센터에서 선임수의관으로 일한 후 현재는 국립생태원 동물관리연구실장으로 근무하고 있으며 또한 문화재청 천연기념물 문화재전문위원으로 활동하고 있다. 야생동물 구조와 치료, 질병에 대해 관심을 두고 있다. 2017년부터 야생 조류 유리창 충돌 문제를 다루고 있다.

지금부터 전할 이야기는 20년 가까이 야생동물 구조와 치료, 재활 일을 해오면서 누구보다 더 깊숙이 이해했어야만 했던 사안이다. 차라리 그때 논문 몇 편이라도 더 보았더라면, 통계 수치를 좀 더 찾아봤더라면, 문제의 심각성을 하루라도 더 빨리 알릴 수 있었을 것 같다.

국립생태원에서 조사한 바에 따르면 연간 800만 마리, 하루 2만 마리의 새가 건물과 방음벽에 부딪쳐 죽고 있다. 어쩌면 많은 이들에겐 그리 놀랍지 않은 수치일지도 모른다. 우리나라에 탐조문화가 널리 퍼진 것도 아니고, 새의 습성을 이해하는 사람도 별로 없기 때문이다. 다만 우리가 어려서 봤던 새들의 수가 지금은 훨씬 더 줄었다는 것만은 감각적으로 느낄 수 있다.

간혹, 강의를 하며 이런 이야기를 해본 적이 있다. 야생동물 로드킬은 운전을 하다 보면 그 처참한 모습을 마주해야 한다. 인상이 찌푸려지기도 하려니와 인간으로서 할 짓이 아니라는 느낌도 받는다. 혹여 직접 차로 치는 경험을 하게 된다면, 로드킬 문제를 더욱 체감하게 된다. 하지만 투명 유리창 충돌의 경우, 이런 느낌에서 그치기가 쉽지 않다. 새가 '토마토'처럼 유리창에 수많은 핏자국을 남겼다면, 아니 '돌'처럼 유리창을 깨뜨리고 경제적 손실을 크게 발생시켰다면 이 때문에라도 다들 문제를 해결하려고 나섰을 것이다. 하지만 토마토나 돌이 아닌 새들은 지금도 건물과 방음벽의 그늘 아래에서 썩어가고 있을 뿐, 우리는 이 문제가 얼마나 심각한지 감도 잡지 못하고 있다.

충돌의 원인들: 유리창, 투명방음벽, 인공조명

유리창에 관해서는 개략적으로 이야기했으니, 이제는 건물에 관해 이야기해 보려 한다. 먼저 건물 높이다. 해외 연구에 따르면, 건물 바닥에서 12~18m 구간이 조류 활동과 관련해 제일 취약한 높이라 한다. 이유는 도심 내 가로수가 대개 이 높이까지 자라기 때문에 충돌사고가 발생하는 주요 공간이 된다는 것이다. 4층 이하의 낮은 건물에서 충돌이 많이 일어난다.

조류의 유리 충돌 사고는 지면으로부터 12~18m 구간에서 가장 많이 일어난다. (ⓒ김영준)

물론 우리나라에서 4층 이하 건물이 약 670만 채로서 전체 66%가량 차지한다는 점도 중요하다.

고층 빌딩의 경우, 특히 인천 송도처럼 인근에 갯벌이 있어서 봄가을 우리나라를 통과하는 수많은 조류들이 거쳐 가는 지역에서는 서울 도심의 강남과 다르게 그 영향이 매우 심각하다. 한 예로 2017년 미국 텍사스의 한 고층 빌딩에서는 하룻밤 사이에 거의 400여 마리의 새가 부딪쳐 죽었다고 보고됐다. 당시 폭풍우가 일었는데, 이 때문에 새들은 낮게 비행할 수밖에 없었고 빌딩에서 나온 조명이 새들을 현혹해 참사를 일으킨 것이다.

방음벽도 반드시 크고 거대한 것만 큰 영향을 주는 것이 아니다. 최근 지방도로와 국도 확장에 따라 1~2단 투명방음벽이 도처에 설치되고 있다. 투명방음벽을 인지하지 못하는 새들은 하단 콘크리트 부위만 피해 가면 된다고 생각한다. 낮게 비행하는 조류들, 예들 들면 지빠귀류나 붉은머리오목눈이, 물총새, 참새들에게는 방음벽이 낮다고 할지라도 큰 위협이 되고 있다.

건물 위치도 문제가 된다. 서울 강남 한복판은 조류 서식 밀도가 워낙 낮기에 충돌사고가 많지 않지만, 시골 펜션이나 단독주택은 단일 건물로서는 가장 많은 조류를 죽이는 것으로 보고됐다. 캐나다 연구에 따르면 조류 먹이통이 있는 시골집에서는 연간 3.1마리가 죽는데, 먹이통이 없는 도심 건물에서는 0.1~0.4마리가 영향을 받는다. 이때 중요한 것은 도심 건물 수가 시골에 비해 월등하다는 점이다. 물론 지역도 중요하다. 숲과 가까운 곳에 있는 전원주택, 펜션, 숲 인근의 다중 이용시설이나 휴양소가 가장 큰 문제다. 숲 안에 들어선 유리 온실은 실로 죽음의 건물이라 할 수 있을 것이다. 당연한 이야기겠지만, 한 연구에 따르면 건물 주위에 식생[1]이 잘 가꿔진 장소에서 가장 많은 사고가 발생하고 있다. 우리나라의 녹색건축 인증에서는 에너지효율 등급[2]이나 친환경 자재 사용에 대해 권장하고 있다. 생태환경 조성과 관련해서는 연계된 녹지축 조성, 자연지반 녹지율, 생태면적률과 비오톱[3] 조성에 많은 평

가 점수가 배정돼 있다. 하지만 조류의 충돌사고 예방에 관한 사항은 마련되어 있지 않다. 이러한 연유로 건물 주변 환경을 잘 가꿀수록 새가 더 많이 죽게 된다는 아이러니가 생기는 것이다.

아직 많이 알려지지는 않았지만 인공조명의 문제도 심각하다. 조류의 유리 충돌사고는 대부분 대낮에 발생하지만 야간 조명 역시 조류 충돌사고에 한몫을 한다. 참새 같은 명조류는 대부분 한낮에 활발히 활동하므로 다양한 색각(色覺)과 밝은 빛을 감지할 수 있는 능력을 가지고 있다. 그러나 이주성 조류, 즉 철새나 도요새와 같은 나그네새들은 봄과 가을, 주로 밤에도 바다를 건너 장거리 이동을 하므로 밤에도 비행해야 한다. 이때 지구 자기장을 감지할 수 있는 능력이 있어 그 자기장을 감지하여 날아간다. 이러한 감각인지 조직체는 안구 망막에 위치해 있으며 어두운 파란색 자연광을 인지해야 자기장을 감지할 수 있다고 한다. 많은 인공조명들이 내뿜는 붉은색 파장은 이러한 조류 자기장 인지 능력을 방해한다. 그 결과 빛 공해가 심각한 지역에서는 새들이 방향감각을 완전히 상실할 수 있다. 최근 바다 위의 한 크루즈선 데크에 전날 밤 충돌로 죽은 새들이 널브러져 있는 영상이 공개되기도 했다. 특히 날씨가 나쁘거나 안개가 자욱한 경우 새들이 도심 위로 낮게 날아가면서 조명 가까이 다가갈 수 있는데, 이때 충돌사고가 많이 발생하기도 한다.

지금까지 북미지역 연구에 따르면 봄가을 철새들의 이동 시기에 사고가 빈발한다고 알려져 있지만, 우리나라 연구에 따르면 연중 지속적으로 발생하는 것으로 나타났다. 시민참여형 모니터링으로 수집한 자료를 보면 기록된 156종 7,986개체의 77%인 6,115개체가 멧비둘기, 물까치, 참새, 붉은머리오목눈이, 박새나 직박구리 등 우리 주변에서 흔히 볼 수 있는 텃새로 밝혀졌다. 최근 발표된 멕시코 논문에서도 연중 비슷한 경향이 보고됐다. 여름철에 번식하게 되면 어린 개체들이 더 많이 나오면서 새들은 여전히 피해를 입을 것이다.

(왼쪽) 아모레퍼시픽 본사 건물은 조류 친화적이라고 할 수 있다. (ⓒ김영준)
(가운데) 전태일기념관의 도드라진 전면 파사드는 조류 충돌을 줄이는 효과를 낸다. (ⓒ김영준)
(오른쪽) 반사율이 높은 유리창이 건물 전면에 있으면 조류 충돌 사고를 야기할 가능성이 크다. (ⓒ김영준)

조류 친화적 도시건축 디자인

현장에 가 보면 많은 새들이 내 주위를 날아다닌다. 그때마다 느끼는 것은, 미생(未生)이 아닌 미사(未死)의 존재들이 아직도 죽음의 함정 주변에서 살아간다는 느낌을 받는다. 이들을 완생(完生)으로 만들기 위해서는 우리의 공존하려는 노력이 참으로 많이 필요하다. 앞서 설명했듯이 충돌의 발생 원인은 다양하다. 그렇기에 해결 방안도 다양할 수밖에 없다. 다만 유리 구조물이 한번 설치되면 떼어 내기도 바꾸기도 어렵다는 점을 인식하는 것이 문제 해결의 출발점이다.

우선 새들에게 이곳에 투명 유리창이 설치됐다고 알려주어야 한다. 즉 새들이 지나갈 수 있는 틈이 없다고 우리의 뜻을 전달해야 한다. 바로 그 기준이 '5×10 규칙'이다. 위아래로 5㎝ 또는 좌우로 10㎝ 이내 간격으로 무늬를 넣으면 된다. 여러 연구를 통해 이보다 작은 공간은 새들이 빠져나가려 하지 않는다는 것을 알게 됐다.

새로 짓는 건축물에선 투명한 유리 사용을 최소화하거나 유리를 효과적으로 가리는 방법이 있다. 계획 단계에서부터 '조류 친화적 건축'을 지향하고 건축 디자인에도 반영된다면 더할 나위가 없을 것이다. 예를 들어 최근 문을 연 전태일기념관은 '조류 친화적 건축'이라는 측면에서는 다소 부족하기는 하지만, 전태일 열사의 편지글이 도드라진 전면 파사드는 조류 충돌을 줄이는 효과를 낸다. 유사한 사례로 2017년 준공한 아모레퍼시픽 본사 건물도 상당히 조류 친화적이라고 할 수 있다.

만약 유리를 사용해야 한다면 충돌 예방효과가 있는 것을 사용하면 좋겠다. 경험상 건물에서는 유리창의 반사성이 주요 문제고, 방음벽은 투명성이 문제다. 유리의 반사성을 줄일 수 있는 에칭의 적용, 프리트 문양(frit) 등을 인쇄한 유리 사용도 좋다. 반사가 주로 일어나는 바깥 면에 이러한 무늬를 넣어야 효과가 뛰어나다. 접합강화유리는 유리 내부에 실크스크린

이나 세라믹 인쇄를 하면 원하는 문양을 넣을 수 있는데, 5×10의 규칙에 따라 다양한 문양을 선택해 볼 수 있겠다. 이때 가급적 두 가지 색상이 들어간 문양을 교차 사용하는 것이 효과가 뛰어나고, 보통 검정과 주황색의 배합이 효과적이다. 외부에 버티컬을 부착하거나, 10cm 간격으로 낙하산 줄이나 굵은 그물, 금속 체인 등을 설치하는 방법도 새들에게 건물을 인식시키는 조류 친화적 디자인이 될 수 있다.

이 밖에도 유리난간, 지하철 출입구 등 투명 유리로 된 인공 구조물에 대해 여러 해결책을 제안할 수 있겠지만, 우리나라에서 가장 많은 건축 유형인 아파트에 대해서는 꼭 짚고 넘어가고 싶다. 우선 아파트 단지에는 소음 관련해 투명 방음벽이 설치된 경우가 많다. 저층 거주민의 조망권과 소음 차단을 위한 것이다. 충돌을 저감할 수 있는 무늬유리로 방음벽을 만든다면 조류 충돌 문제를 줄일 수 있겠다. 그러면 아파트 각 층의 유리창은 어떻게 해야 할까? 일단 4층까지의 저층에서 주로 사고가 발생한다는 사실을 고려한다면 저층 유리는 반드시 '저감 처리'를 하는 것이 필요하다. 고층의 경우 유리 바깥 면에 뭔가 조치를 취하기 어려운데, 이때 수직 블라인드가 도움이 된다. 물론 완벽한 방법은 아니지만, 그나마 집에서 손쉽게 해볼 수 있는 방법이다.

제도 개선과 법제화를 넘어

우리나라도 환경과 개발이 상충하지 않는 공존의 개발 방식에 대해 관심을 갖게 되면서 녹색건축이라는 개념이 도입됐다. 하지만 건물의 에너지 효율을 높이고 건물 유발 오염원을 줄이는 것에 초점이 맞춰져 있다. 다시 말해 지역 생물과의 공존 의지가 부족해 보인다.

야생생물과의 공존이 가능한 건축이야말로 명실상부한 '녹색건축'이라고 말할 수 있다. 그런데 현실에서는 녹색건축물에 조성된 비오톱, 옥상정원 등으로 동물을 불러 모은 뒤 '충돌 사고'를 발생시키는 상황이다. 녹색건축의 역효과인 것이다. 빌딩으로 가득 찬 서울 강남거

(왼쪽) 에칭의 적용, 프리트 문양(frit) 등을 인쇄한 유리를 사용하면 조류 충돌 사고 방지 효과가 있다. (ⓒ김영준)
(오른쪽) 외부에 버티컬을 부착하는 방법도 새들에게 건물을 인식시키는 조류 친화적 디자인이 될 수 있다. (ⓒ김영준)

리가 혁신도시에 자리 잡은 빌딩들보다 새를 덜 죽인다는 통계는 아이러니할 수도 있지만 사실이다.

적어도 공공건축물만큼은 다른 생명을 죽이는 건축이 되어서는 안 된다. 법제화가 절실하다. 법률에 인공 구조물의 조류 친화적 건축 방향에 대해 명기해 의무화하고, 지방자치단체의 선제적 조례 제정을 통해 지속가능한 도시를 건설해야 한다. 이미 북미와 유럽의 여러 국가와 주정부는 이와 관련한 의무 및 권고 규정을 각각 발표하고 있다. 이러한 사항은 녹색건축인증[4]에도 반영돼야 한다. 녹색건축이 단지 에너지 절약과 재활용에만 집중하는 것이 아니라 궁극적으로 지속가능한 미래를 구현하기 위함이라면 반드시 살펴봐야 할 항목이 조류 친화적 건축물일 것이다. 미국그린빌딩위원회의 LEED는 미국의 대표적 친환경 건물 인증 제도로서 세계적으로도 영향력이 적지 않다. 이 제도에서도 야생 조류 충돌방지를 평가 기준으로 삼고 있다.

법제화와 인증제도 변화보다 더 중요한 것이 있다면, 일반 시민의 인식 증진이다. 지역 언론이나 사회관계망 서비스를 통해 우리 지역의 문제를 공론화하는 일이 필요하다. 이러한 과정을 통해 대규모 건축회사가 조류 충돌 문제를 인지할 수 있게 해야 한다. 야생동물은 사회 공공재이기에 이미 설치된 방음벽이라도 저감 조치를 할 수 있도록 요구해야 한다. 특정 회사의 이익을 담보로 사회의 공공재를 해칠 수 없을뿐더러, 피해자는 우리가 공존해야 하는 자연환경의 구성체이기 때문이다.

시민들의 자발적인 활동도 중요하다. 특히 시민참여 모니터링이 필요하다. '네이처링 야생 조류 유리창 충돌 조사'를 통해 자료를 모으고 있는데, 개인이 혼자 죽은 새들을 찾는 것은 참으로 어려운 일이다. 나아가 건물에서 발생하는 충돌 문제는 정말 관찰하기 어렵다. 우리가 사는 지역에서 문제가 발생한다는 것을 공유하려면 많은 사람들의 관심과 참여가 필요하다. 삶의 주변에서 생기는 일을 기록 분석하고 지역사회에서 해결의 실마리를 찾아야 한다. 국가가 홀로 이 모든 문제를 만든 것이 아니며, 이러한 문제를 잉태한 대가로 이윤을 얻은 대상이 있다면 마땅히 그 책임과 의무를 다해야 한다. 그 이윤에는 어쨌든 새들의 목숨 값이 붙어 있기 때문이다. 이를 위해 많은 분들의 참여와 관심을 부탁드린다.

끝으로, 몇 년 전 우리의 기억을 울렸던 '건축학개론'이라는 영화가 상영됐었다. 달콤쌉싸름한 이야기로 글을 마무리하려는 것은 아니고, 이러한 '개론'에 철학이 녹아 있어야 한다고 생각해서다. 대학 건축학과의 정규 교과과정에 조류 충돌을 예방하거나 줄일 수 있는 다양한 접근 방법이 소개된다면 좋겠다. 그래야 젊은 건축가들이 더 많은 관심을 가지고, 설계 초기 단계에서부터 대안을 제시할 수 있게 된다. 나아가 시장수요가 창출되어야만 산업계에서는 보다 많은 연구와 투자가 이뤄질 것이다. 이것은 우리가 할 수 있는 최선이 아니라, 최소라는 점에서 반드시 필요한 일이다.

1 **식생** 식물종, 그리고 식물종이 제공하는 지피 식물의 집단을 의미한다. 식피 또는 식의라고도 한다.

2 **에너지효율 등급** 전력량 대비 효율을 나타내는 지표로, 에너지소비효율 또는 에너지사용량에 따라 효율등급을 1~5등급으로 나누어 표시한다. 한국에너지공단과 산업통상자원부는 에너지를 사용하는 기기의 효율향상과 고효율제품의 보급확대를 위하여 에너지소비효율 등급제도를 추진 중이다.

3 **비오톱** 그리스어로 생명을 의미하는 '비오스(bios)'와 땅 또는 영역을 의미하는 '토포스(topos)'를 결합한 용어로, 특정 식물과 동물들이 공존할 수 있는 생물서식지를 의미한다. 서울시는 2010년부터 총 5개 등급으로 비오톱 유형을 구분해 지정하고 있다. 서울시 도시계획조례 제24조에 따라 비오톱 1등급지에 대한 일체의 개발행위를 금지하고 있다.

4 **녹색건축인증** 지속가능한 개발의 실현을 목표로 인간과 자연이 서로 친화하며 공생할 수 있도록 계획도나 건축물의 입지, 자재선정 및 시공, 유지관리, 폐기 등 건축의 전 생애를 대상으로 환경에 영향을 미치는 요소에 대한 평가를 통하여 건축물의 환경성능을 인증하는 제도다.

건축 패러다임의 전환, 자연순환 재료 '흙'

글 황혜주(목포대학교 교수)

황혜주는 목포대학교 건축학과 교수이자 국내 대표적인 흙건축 전문가다. 유네스코 석좌 흙건축학교 책임교수이기도 하다. 서울대학교 박사 과정 중 우연히 흙에 관심을 가졌다가 흙과 흙건축 매력에 푹 빠져버렸다. 흙건축 연구로 여러 특허와 상을 받았다. 좀 더 많은 사람이 흙과 흙건축을 알고, 누리게 하려고 꾸준히 활동하고 있다.

산업혁명으로 촉발된 생산방식의 변화는 인류의 삶을 송두리째 바꿔 놓았다. 이 시기 인구는 거의 네 배 증가했고, 도시집중이 심화되어 도시로 인구가 몰리면서 주택문제가 매우 심각해졌다. 1840년대 영국 도시인의 평균수명이 28세 정도로 농촌보다 훨씬 낮았다는 것은 도시의 열악한 주거와 무관하지 않다.

건축가들은 주거문제에 대응하기 위해 치열하게 고민했다. 영국의 조셉 아스프딘(Joseph Aspdin)이 포틀랜드 시멘트를 개발한 이후, 프랑스의 건축가 오귀스트 페레(Auguste Perret)는 1902년에 파리 프랑클랭 가에 철근콘크리트를 활용한 아파트를 설계했다. 이후 앙리 소바주(Henri Sauvage)가 노동자 계층을 위한 실용적인 아파트를 짓고, 르 코르뷔지에(Le Corbusier)가 1947년에 대규모 공동주택인 유니테 다비타시옹(Unité d'Habitation)을 계획하면서 사실상 주택의 대량보급의 길이 열렸다.

이처럼 근대건축은 새로운 과학과 기술에 대한 강한 신뢰를 바탕으로 인간의 주거를 개선하고자 했다. 건축가들은 과거의 산물인 역사적 주거 유형을 거부하고, 주거 유형에 있어서 연속성과 역사성보다는 황폐하고 과밀화된 주거환경을 획기적으로 개선하고자 근대건축운동을 전개했다. 그 결과 인류는 이전과 완전히 다른 주거환경에 거주하게 됐다.

친환경 건축재료 흙의 귀환과 그 배경

1970년대 오일쇼크는 근대건축의 생산방식을 되돌아보는 계기가 됐다. 자원 고갈과 환경 파괴에 대한 경각심이 높아지면서, 건축가들은 에너지를 많이 소모하지 않고 자연환경에 피해를 적게 주는 새로운 건축을 궁리하게 됐다. 이에 따라 흙건축이 1980년대부터 다시금 조명받는다. 흙은 오래전부터 사용해 온 전통적 소재인 데다가 주위에서 흔하여 구하기 쉬운 재료이다. 또한 사용하고 난 다음에 폐기물을 남기지 않고 자연으로 순환된다. 이러한 흙의 장점과 생태적 가치에 새롭게 주목한 것이다.

철골과 흙벽돌이 조화를 이루는 '그리니네 집' (ⓒ황혜주)

2019년 3월 영국의 「아키텍트 저널(Architect Journal)」에서 기후변화에 대응하기 위해 건축가가 고려해야 할 다섯 가지 사항을 발표했다. 지속가능한 디자인을 연구해 온 주요 전문가들이 꼽은 이 다섯 가지 사항은 ①기존 건축물의 에너지 성능 개선, ②시멘트와 콘크리트의 사용을 현재의 3/4 수준으로 자제, ③건물의 사용 중 에너지 성능에 대한 이해, ④건축자재의 내재에너지(embeded energy) 고려, ⑤설계 초기 단계에서부터 최적화된 형태와 방향 고려 등이다. 뷰(view)를 중시하는 서구와 달리 우리는 전통적으로 향(向)을 중시하는 건축 문화이기 때문에 ⑤번 사항은 크게 고려 대상이 되지 않는다. 또한 너무나 당연한 에너지 문제와 관련되는 ①, ③을 제외하면, 결국 지속가능하고 친환경적인 설계는 시멘트 사용량 절감과 내재에너지가 적은 생태적 재료의 사용으로 귀결된다.

재료의 제조 과정에서 투입되어야 하는 내재에너지가 적을수록 친환경적인 재료라고 할 수 있다. 구운 벽돌의 생산에는 콘크리트의 두 배에 상당하는 에너지가 소모되고, 콘크리트는 황토에 비해 약 100배에 해당하는 에너지가 필요하다. 또한 시멘트 1t을 생산하는 과정에서 이산화탄소 1t이 발생하는데, 이는 한 사람이 1년간 소나무 200그루를 심고 가꾸어야 절감할 수 있는 탄소의 양이다. 한국시멘트협회에 따르면 한국의 연간 1인당 시멘트 소비량은 1t 정도로 세계 최고 수준인데, 이러한 사실들은 시멘트의 대안으로서 흙의 가치를 되새기게 한다.

흙건축은 지구도 건강해지고 사람도 건강해지는 생태건축의 실제적 방안으로 거론되고 있다. 죽어가는 지구를 살리고, 그 속에 사는 사람들을 살리고, 사람들 간의 관계를 살려내는 흙집은 '죽임집'이 아니라 '살림집'이다. 실제로 실험해 보면, 시멘트 집에서는 실험 쥐의 성장이 더디고 심지어 얼마 못 가서 죽기도 하는데, 흙집에서는 아주 오래도록 잘 사는 것을 볼 수 있다. 생육에도 현저한 격차를 보인다. 또한 흙은 시멘트보다 다섯 배가량 높은 습도 조절력, 탈취율 98%에 이르는 강력한 탈취력도 지니고 있다. 실내 공간의 습도를 조절하고 악취

를 없애서 쾌적한 실내환경을 창출해 내는 좋은 재료다. 그리고 흙은 원적외선 방사량이 많은데, 원적외선은 물의 분자운동을 활성화해 인체의 세포운동을 촉진함으로써 활력을 증진하고, 공명흡수 작용에 의해 물질의 분자운동을 유발하여 신진대사를 촉진하며, 온열효과에 의해 모세혈관 운동을 강화하여 혈액순환을 촉진한다고 알려져 있다. 이처럼 흙에는 약리작용과 관련한 여러 가지 뛰어난 효과가 있다.

흙건축의 정의와 국내외 주요 사례

흙건축은 스펙트럼이 굉장히 넓다. 어떤 사람은 구조부터 외장까지 흙으로 다 지어야 진정한 흙건축이라고 주장하고, 어떤 사람은 주요 구조체가 흙으로 돼 있으면 흙건축이라고 말한다. 이처럼 의견이 다양하지만, 개인적으로 흙건축의 시작은 흙을 사용해서 흙의 효과를 볼 수 있는 집이라고 생각한다. 예를 들면 콘크리트로 집을 지었는데 아토피가 발생한 경우, 실내 벽에 1cm 정도의 두께로 흙 미장만 해도 흙집의 효과가 대부분 나타난다. 이렇게라도 흙을 느끼고, 생태를 고민하게 된다면 흙건축의 시작이라고 볼 수 있을 것이다.

그렇다면 어떤 흙을 사용해야 하는가? 어떤 흙이 좋은 흙인가? 우리나라는 흙이 좋아서 웬만한 흙은 모두 좋은 효과가 있으므로 주위에 가까이 있고 구하기 쉬운 흙이 가장 좋은 흙이라고 할 수 있다. 또한 흙은 일단 구우면 주요 특성을 잃어버리므로 굽지 않고 사용하는 것이 바람직하고, 시멘트나 화학수지를 섞어 쓰지 않는 게 좋다. 자연에서 흙을 가져와서 집을 짓고 살다가 집을 허물면 다시 자연으로 돌아갈 수 있는 그런 흙이 좋은 흙집 재료이다. 다시 그 흙에 배추를 심어 재배할 수도 있는 그런 흙이 가장 좋은 흙집 재료인 것이다.

흙을 사용하는 방법에는 두 가지가 있다. 하나는 흙을 균열이 가지 않게 조정해서 물만 넣어서 반죽하고 흙 그 자체로 사용하는 방법이다. 흙의 효과를 잘 볼 수 있는 장점이 있는 반면 강도가 낮고 비에 약해서 주로 실내에 사용하는 것이 좋다. 둘째는 하중을 견딜 수 있도록

(왼쪽) 노출콘크리트와 흙벽돌의 조화를 꾀한 '산가람집' (ⓒ황혜주)
(오른쪽) 흙벽돌과 목재가 어우러진 '그리 크지 않은 집' (ⓒ황혜주)

높은 강도를 내는 것인데, 전통적으로 흙을 단단하게 하기 위하여 사용해 왔던 삼화토(三和土)[1] 원리를 이용하여 흙을 콘크리트만큼 단단하게 해서 사용하는 방식이다. 주로 구조부나 외부에 사용되며 이러한 고강도 기술은 한국이 강한 분야이기도 하다.

이러한 기술들을 바탕으로 다양한 흙건축이 전 세계에서 이루어지고 있다. 영상을 통하여 많이 소개되기도 했는데, 국내에서는 공공건축물 중에 김제의 지평선 중고등학교가 있다. 10년에 걸쳐서 건물 하나씩을 흙으로 바꾸어서 완성한 학교이다. 서천의 국립생태원이나 무주의 태권도원에도 현대적 흙벽돌이 적용된 바 있다. 여기서는 목포대학교 뒤에 위치하고 있는 무안 흙마을을 사례로 설명할 것이다.

무안 흙건축마을은 흙건축의 오늘과 내일, 그리고 더불어 살아가는 사람들의 삶이 어우러진 친환경마을 조성을 목표로 하여, 흙건축교육전시관과 10가구의 레지던스로 구성되는데, 현재 흙건축교육전시관과 5가구가 입주하였다. 국내 최초의 현대적 흙건축단지이고, 흙건축의 다양한 공법이 적용된 실거주 단지이며, 흙건축 교육 수료자가 중심이 된 주민주도형 마을로서 전문성을 지닌 귀촌으로 새로운 귀촌 모형이 되고 있다.

흙건축의 가치와 전망

대부분의 사람들이 도시에 모여 사는 오늘날의 생활 방식은 근대 산업사회의 영향이 크다. 농업국가에서 공업국가로 이행하면서 집적을 하기 위해 생겨난 이 구조가 과연 지금의 생활 방식과 꼭 맞다고 할 수 있을까. ICT 기술의 발달로 언제 어디서나 상대방을 만나고 업무를 볼 수 있게 됐고, 코로나바이러스감염증-19 등으로 인해 흩어져 사는 것이 오히려 중요해졌다. 이러한 측면에서 '아파트'가 아닌 '집'이 필요해진 시대이자, 출근을 위한 숙소가 아닌 다른 성격의 주거가 필요해진 상황이다. 근대건축이 황폐하고 과밀화된 주거환경을 개선하려던 고민의 산물이었다면, 지금은 새로운 시대의 새로운 건축을 고민해야 하는 시점이다.

근대 이후 인류는 건축물을 늘리고, 삶의 터전인 토대(녹지, 흙)를 줄여 왔다. 인간이 살기 위해 다른 생명의 터전을 일방적으로 빼앗아 온 역사라고 해도 과언이 아니다. 오늘날 무분별한 개발 욕심을 줄이고 다른 생명들에게 터전을 돌려주며 생태적으로 공존하는 태도가 절실하다. 흙의 라틴어 어원은 후무스(humus)로, 인간(human)과 겸손(humility)과 어원이 같다는 점은 많을 것을 생각하게 한다.

지금 세계 여러 나라에서는 흙건축에 대한 관심이 높다. 유럽의 경우는 2050년경 대부분의 집을 흙으로 지을 것을 염두에 두고 연구하고 있고, 미국은 건강주택으로서 흙집을 활발하게 짓고 있다. 전 세계 인구의 30%인 15억의 인구가 흙집에서 살고 있다. 자연과 인간의 공존을 위한 재료로서의 흙은 과거에서 현재로 이어진 재료이고 아울러 미래의 재료이기도 하다. 우리는 후손들에게 땅을 물려주는 것이 아니라 흙을 물려주어야 한다.

(왼쪽) 흙다짐과 흙벽돌의 조합이 만들어 낸 '피라미드 하우스' (ⓒ황혜주)
(오른쪽) 흙타설로 지어진 '흙·책·집' (ⓒ황혜주)

1 삼화토 흙에 모래와 석회를 적정한 비율로 섞어서 사용하는 방법으로, 한국 전통 건축에서는 주로 왕릉을 조성하거나 집터를 만들 때 사용됐다.

자원절약과 순환의 대안적 삶, 생태마을과 공동체

취재 **이성제**(월간 「SPACE(공간)」 기자)

지구의 지속가능성에 관해 연구해 온 미국의 사상가 로버트 길먼(Robert Gilman)은 1991년 계간지 「인 콘텍스트(IN CONTEXT)」에 '에코빌리지 챌린지'라는 글을 한 편 발표했다. 그는 이 글에서, 지금까지도 회자되는 '생태마을'에 대한 정의를 제시했다. "생태마을은 생활에 필요한 요소들이 잘 갖춰진 인간적 규모의 터전으로, 그곳에서는 건강한 인간성이 계발되고, 인간 활동이 무해한 방식을 통해 자연계와 조화를 이룬다." 그는 각 단어의 뜻도 구체적으로 풀이했다. 이를테면 '인간적 규모'란 공동체 구성원들이 긴밀하게 교류할 수 있는 500명 내외이고, '무해한 방식'이란 인간과 다른 생물 종들을 동등하게 대하는 관점으로 규정했다. 그의 정의가 널리 공유되고 이후 생태마을 운동에 영향을 준 이유는, 그가 단순히 전통적인 공동체나 삶의 방식으로 회귀하자고 주장하지 않았기 때문이다. 그는 산업화가 진전되고 과학기술이 발전한 현 상황에서 추구해야 할 생태마을을 고민했었다.

로버트 길먼의 글이 반향을 일으킨 1990년대, 국내에서도 생태공동체 운동이 본격화됐다. 도시 내에서 생활협동조합을 결성하거나, 전통적 마을을 생태적으로 전환하고, 때로는 아무것도 없는 대지에 계획공동체를 형성하는 등 다양한 방식으로 전개됐다. 생태마을을 조성하는 경우, 2000년대부터는 농촌지역의 소득 증대와 인구 감소 억제를 꾀하는 정부의 정책적 지원을 받아 추진되기도 했다. 또한 결은 다소 다르지만, 일본 후쿠시마 원전 사고가 발생한 2011년 이후에는, '에너지자립마을'과 같이 재생에너지 사용과 자원절약을 통해 생태적 가치를 추구하는 공동체들이 등장했다. 이 글에서는 농촌과 도시의 생태마을을 직접 방문해 대안적인 삶의 방식을 살펴봤다.

생태적 가치를 공유하는 계획공동체: 충남 서천 산너울마을

새마을호 기차를 타고 가다가 충남 서천역에서 내린 뒤 마을버스로 30분, 다시 버스 정류장에서 15분을 걸어 들어가면, 나지막한 산들에 포근하게 감싸인 마을을 만나게 된다. 두 채씩

생태마을이란 생활에 필요한 요소들이 잘 갖춰진 인간적 규모의 터전으로, 그곳에서는 건강한 인간성이 계발되고, 인간 활동이 무해한 방식을 통해 자연계와 조화를 이룬다. (ⓒ이성제)

짝을 지어 배치된 주택들, 세모난 지붕 위의 태양광[1] 패널, 집집마다 잘 가꿔 놓은 마당과 조경이 주변 풍경과 조화를 이루고 있었다. 충청남도 서천군 판교면 등고리에 자리한 산너울 마을이다.

산너울마을은 2006년 계획된 생태마을이다. 9,100평 부지에 34가구가 공동체를 이루며 오손도손 살아가고 있다. 계획 초기, 생태적 삶에 관심이 많은 이들이 마을을 이루기로 뜻을 모은 뒤, 생태건축 컨설팅 회사인 ㈜이장과 힘을 합해 마을 조성과 입주자 모집에 나섰다. 이후 농림축산식품부가 주관하는 '전원마을 조성사업'의 지원을 받게 되면서 입주 가구 수를 늘릴 수 있었다. 귀촌을 원하지만 마땅한 방법을 찾지 못한 사람, 생태적 삶을 추구하는 사람, 도시에서 벗어나 노년을 보내고 싶은 은퇴자 등 전국 각지에서 입주 희망자들이 모여 들었다. 당시 34가구 80여 명의 입주 희망자들은 초등학생, 교사, 회사원, 전기기술자 등 직업적 배경과 나이, 계층이 다양했다. 산너울마을 입주자로 마을의 주요 사무를 맡고 있는 최재형 산너울마을 사무장은 "각양각색의 사람들 모두 생태적으로 살아야 한다는 설립 취지에 공감하면서 마을에 입주했다"며, "입주자가 확정된 2006년 말부터 입주가 본격적으로 시작됐던 2009년 초까지 생태마을을 만들어 가기 위한 예비 입주자 모임이 매달 진행됐다"고 말했다. 최재형에 따르면, 예비 입주자들은 '공동체 형성', '생태마을', '입주자 참여', '지역과의 연계'라는 네 가지 원칙을 세운 뒤 마을을 만들어 갔다. 각 가구의 부지 선정, 개별 주택의 규모와 실 배치, 취미실·도서관·어린이놀이터 등 마을 공동시설에 관한 세부 내용을 논의하고, 생태적인 삶이 무엇인지, 친환경적으로 살기 위해서는 어떤 어려움을 감수해야 하는지에 대해서도 정보를 공유했다.

"주택에 흙벽돌이 사용된다고 해서 다 같이 제작 과정을 살펴보고, 벽돌을 직접 망치로 쳐 보면서 강도를 확인해 본 날도 있었습니다. 입주자 중에 텃밭을 가꿀 사람들은 농약을 사용하면 안 되는 이유, 제초제를 사용하지 않고도 잡초를 관리하는 방법 등 친환경적인 농사법도

배웠습니다. 무엇보다, 서로 모르는 이들이 새로운 공동체를 이루는 것이기에, 교류를 자주 하면서 가까워지려고 노력했습니다.”

산녀울마을이 위치한 서천군에서도 지원이 이어졌다. 당시 서천군청 건설과 전원마을조성 사업 담당이었던 정해창 주무관에 따르면 “산녀울마을은 생태마을을 주제로 계획하여 마을을 만들 때부터 화석에너지 사용이 적은 단지조성과 자연재료 건축, 빗물 재활용 등 자연친화적인 설계기법을 도입하고 에너지관리공단 그린빌리지 조성 공모사업을 지원하여 주택의 에너지 자립을 위해 노력했으며, 사업의 방향을 입주민들과 협의하여 결정하기 위해 국내 선진 마을의 벤치마킹도 함께 다녀오는 등 행정의 일방적인 추진이 아닌 입주민의 의사를 충분히 반영하여 사업을 진행했다”고 말했다.

에너지를 절감하고 건설폐기물이 없는 마을

산녀울마을은 ‘에너지를 절감하는 생태마을’과 ‘생태적 삶’을 지향하며 만들어졌다. 계단식 논 형태의 지형을 깎아 내기보다 지형에 순응하며 주택들을 배치하고 마을 시설들을 조성한 것이다. 구체적으로, 남북으로 완만한 마을의 진입 부분에는 외부에서 온 방문객들도 편리하게 이용할 수 있는 복합문화관과 공용주차장이 들어섰다. 공용주차장 옆에는 자갈, 모래, 갈대를 이용해 생활 하수를 정수한 뒤 외부로 배출하는 ‘생태하수처리장’이 설치됐다. 또한 마을길을 따라 밤하늘의 별을 볼 수 있도록 낮은 태양광 가로등을 두고, 마을길과 주차장 바닥은 투수 기능이 있는 투수블록으로 시공했다.

개별 주택에도 생태적 요소가 적용돼 있다. 우선 주택들은 난방 에너지 절약과 건축비 절감을 위해 두 집을 이어 붙인 ‘연접형’으로 설계됐다. 각 주택의 평수는 $56m^2$, $78m^2$, $82m^2$, $99m^2$로 상이한데, 대부분 2층 규모로 상부가 목재로, 하부는 방수 처리한 흙벽돌로 지어졌다. 두 재료 모두 자연으로 돌아갈 수 있는 생태적인 건축자재이다. 주택 지붕에는 태양열, 태양광

(왼쪽) 서천 산녀울마을은 2006년 계획된 생태마을이다. 9,100평 부지에 34가구가 공동체를 이룬다. (ⓒ이성제)
(가운데) 산녀울마을은 ‘에너지를 절감하는 생태마을’과 ‘생태적 삶’을 지향하며 만들어졌다. (ⓒ이성제)
(오른쪽) 산녀울마을의 주택 지붕에는 태양열, 태양광 설비가 갖춰져 온수와 전기를 자급자족하며, 빗물을 활용할 수 있도록 집수 장치와 2t 용량의 물탱크도 설치돼 있다. (ⓒ이성제)

설비가 갖춰져 온수와 전기를 자급자족하며, 빗물을 활용할 수 있도록 집수 장치와 2t 용량의 물탱크도 설치돼 있다. 시설들은 어느 하나 모자란 점 없이 잘 갖춰졌지만, 생태마을에서 살아가려면 이전과 달리 부지런해야 한다고, 최재형은 말했다.

"생태적으로 살아가려면 아무래도 관심과 노력이 많이 필요합니다. 흙벽돌은 콘크리트와 달리 공기가 통하고 습도 조절 능력이 있기 때문에 주기적으로 코팅을 해야 성능이 유지됩니다. 주택에서 목재로 된 부분에도 종종 칠을 해줘야 하고요. 입주자 스스로가 그런 관리를 해야 한다는 점이 대도시 아파트에서의 삶과 다른 지점입니다."

2020년 현재, 산너울마을은 조성 11년차를 맞이했다. 마을 곳곳에 심은 조경수들은 울창하게 자랐고, 주민들이 저마다 가꿔 놓은 정원이 마을의 운치를 더하고 있다. 입주 초기부터 시작된 마을 청소, 분리수거 등 마을 공동 작업, 각종 동아리와 자치회 활동은 지금도 원활하게 진행되고 있다. 최재형은 "달라진 점이 있다면 15명에 이르던 어린이들이 고등학교와 대학교 진학을 위해 도시로 이주하면서 마을이 전반적으로 차분해졌다"며 "시간의 흐름에 따라 공동체의 모습도, 주력하는 활동도 조금씩 달라져 가는 듯하다"고 말했다.

두꺼비와 인간이 공존하는 주거단지: 청주 산남동 두꺼비생태마을

국내외의 생태마을 운동은, 서천 산너울마을처럼 도시를 벗어난 지역에서 활발히 추진되곤 한다. 도시의 높은 땅값과 개발 압력을 견디며 생태적 삶을 지속하는 것도, 다수의 시민들과 생태적 가치를 공유하며 공동체를 성공적으로 형성하는 것도 쉽지 않기 때문이다. 이러한 점에서 청주 산남동의 두꺼비생태마을은 주목할 만한 사례로 꼽힌다. 특히 생태적 삶의 방식을 재생에너지 사용, 친환경 건축자재의 적용 등 기술적 측면이 아니라 다른 생물종과의 공생과 자연보존 등 생태주의적 측면에서 찾고 있어서다.

"택지를 개발할 때면 개발이냐 보존이냐, 이분법적 대립이 발생하는데, 이곳에서는 두꺼비

와 공존하는 방향으로 상생과 타협이 이뤄졌습니다." 청주 산남동 일대를 택지로 조성하려던 한국토지공사(LH)와 이곳을 보존하려던 시민들과 환경단체들의 연합이 이룬 극적인 합의에 대해 신경아 두꺼비친구들 사무처장이 이야기했다. 그는 당시 한 환경단체의 자원봉사자로 이 일에 나섰다.

그에 따르면, 택지개발[2]을 앞둔 2003년 무렵, 이곳에서 국내 최대의 두꺼비 산란지로 추정되는 '원흥이 방죽'이 발견됐다. 갓 부화한 새끼 두꺼비들이 단체로 인근의 구룡산으로 이동하는 장면이 목격됐고 이후 이러한 사실이 언론 보도를 통해 전국에 알려졌다. 청주지역의 시민들과 환경단체가 대책위원회를 꾸리고, 산란지 보존 촉구 서명, 인간띠 잇기, 청주시내 3보 1배 등이 진행됐다. 지난한 과정 끝에 2014년 11월에 두꺼비 생태이동통로 확보, 생태공원 조성, 대체습지 확보 등을 골자로 한 상생 합의안이 도출됐다. 신경아는 "두꺼비 산란지 보존 운동이 전국적인 환경 이슈가 되면서 당초 계획대로 진행하기가 쉽지 않았을 것"이라며 "합의안에 대해 환경운동가 모두가 만족한 건 아니었지만, 일방적 개발을 막고 자연을 지켜낸 성과는 분명 의의가 있다"고 말했다.

이후 산남동 일대에는 5,500여 가구를 수용하는 아파트단지 여덟 곳, 단독주택 560여 가구가 들어섰다. 청주지방법원과 검찰청사 등 공공기관도 이전돼 왔다. 얼핏 볼 땐 아파트 건물들과 상가, 관공서들로 채워진 신규 주거단지 같지만, 단지 내부를 거닐다 보면 환경운동으로 지켜낸 원흥이 방죽, 새로 조성된 생태공원, 구룡산으로 이어지는 두꺼비 생태통로와 대체습지들을 만날 수 있다. 잘 구획된 도로와 아파트 단지 사이에 구불구불한 생태통로가 자리하고 그 안에서 여러 동식물들이 살아가는 모습은 다른 곳에서 마주하기 힘든 광경이다.

공동체의 결속을 다지는 활동들

아파트 입주가 시작된 2006년 무렵부터 생태마을을 형성하려는 노력이 시작됐다. 두꺼비

(왼쪽) 청주 산남동 일대를 거닐다 보면 원흥이 방죽, 새로 조성된 생태공원, 구룡산으로 이어지는 두꺼비 생태통로와 대체습지들을 만날 수 있다. (ⓒ이성제)
(오른쪽) 청주 두꺼비생태마을 생태공원. 잘 구획된 도로와 아파트 단지 사이에 구불구불한 생태통로가 자리하고 그 안에서 여러 동식물들이 살아간다. (ⓒ이성제)

산란지 보존 운동을 해온 환경단체들은, 이 생태 운동을 이곳 주민들과 지속하기 위해 ‘두꺼비 친구들’이라는 단체를 설립했다. 또한 원흥이 방죽 주변 여덟 곳의 아파트단지에서는 각각 주민 자치 조직인 ‘입주자 협의회’가 결성됐고, 여덟 곳의 입주자 협의회가 뭉친 ‘아파트 협의회’도 출범했다.

이 아파트 협의회의 초대 회장을 맡았던 조현국 두꺼비신문 편집장은 “입주자들 가운데 이곳에서 벌어졌던 생태 운동에 관심이 많은 이들도 있었고, 두꺼비 친구들도 막 조직된 주민 자치 기구가 원활하게 운영되도록 여러모로 지원했다”며 “두 개의 조직이 연계되는 가운데 마을 공동체가 형성되어 갔다”고 설명했다. 현재, 두꺼비 생태마을을 이끌어 가는 두 개의 조직은, 앞서 언급한 두꺼비 친구들과 주민 자치 조직인 ‘산남 두꺼비 생태마을 주민협의회’ (이하 주민협의회)이다. 주민협의회에는 아파트 단지의 주민들뿐만 아니라, 상인연합회, 동장연합회, 부녀회 등도 참여하고 있다. 두꺼비 친구들과 주민협의회는 함께 마을 축제와 자연순환장터 등을 열고, 또한 주민협의회에서 창간한 ‘두꺼비신문’을 통해 두꺼비 생태와 구룡산 보존 등 생태 이슈에서부터 초등학교 인조잔디 설치 문제, 아파트 주변의 변압기 문제 등 마을 의제들을 다루며 공동체를 결속하고 있다.

자연과 공존하는 삶은 산란지·서식지 보존, 생태통로 조성만으로 완성되지 않는다. 인간이 만든 구조물은 대개의 경우 다른 생물종의 생태에 대한 이해나 배려 없이 계획되고 지어지기 때문이다. 공존을 위한 별도의 노력이 지속적으로 요구되는 이유다. 2015년 3월, 두꺼비 친구들이 출범한 ‘두꺼비 순찰대’도 이러한 노력의 일환이다. 두꺼비 순찰대는 매년 봄철 서식지와 산란지를 오가는 두꺼비들의 로드킬을 막기 위해 결성됐다. 100명이 넘는 주민들이 참여해, 농수로에 빠진 두꺼비를 구조하거나 두꺼비들을 양동이에 담아 구룡산 인근으로 직접 옮겨 주기도 한다. 신경아는 “아파트 입주로 차량 운행이 늘어나면서 두꺼비들이 로드킬 당하는 일들이 자주 발생했다”며 “로드킬을 줄이고 이들의 활동 방식을 이해하기 위해, 두꺼

청주 두꺼비생태마을 원흥이 방죽 전경. 생태마을 또는 생태공동체 운동은 구성원들의 꾸준한 관심과 참여를 요구한다. (ⓒ이성제)

비에 추적기를 부착해 이동 양상을 파악하거나 주변 습지에서 개체수를 조사하는 등 모니터링도 실시하게 됐다"고 말했다. "이를 통해 두꺼비의 하루 활동 반경이 2km에 이른다는 사실도, 산남동 두꺼비의 산란지가 원흥이 방죽에서 대체습지와 인근 방죽으로 옮겨 가고 있다는 것도 알아낼 수 있었다"고 덧붙였다.

작은 진전의 소중함

산너울마을과 두꺼비생태마을에서 살펴봤듯이, 생태마을 또는 생태공동체 운동은 구성원들의 꾸준한 관심과 참여를 요구한다. 특히 산업화와 도시화, 과학기술의 발달로 생태 위기가 지속적으로 발생하는 현대사회에서는 더욱 그렇다. 두꺼비생태마을의 경우, 현재 '도시공원 일몰제'로 인해 사유지였던 도시공원의 용도 제한이 풀리면서 두꺼비 서식지인 구룡산이 개발 위험에 놓인 상태다. 두꺼비 산란지를 지키기 위해 싸웠던 마을 구성원들은, 이제 서식지를 보존하기 위한 방법을 고민하고 있다.

서두에서 언급한 로버트 길먼은 같은 글에서 현대사회의 생태마을들이 직면하는 이 같은 '도전(챌린지)'에 관해서도 이야기했다. 여러 도전들은 생태계와 도시환경의 변화, 경제 시스템과 거버넌스의 작동 방식으로 인해 야기되며, 그렇기에 이상적이고 완벽한 생태마을이 존재하기는 어렵다고 말한다. 하지만 그는 세계 각지에는 다양한 방식으로 생태적 가치를 지키기 위해 노력하는 공동체들이 존재하며, 그중 일부는 이상에 다가가는 진전을 이루고 있다고 긍정적인 말로 글을 마무리했다. 그의 말처럼, 우리가 생태마을 운동에서 주목해야 할 것은 대안적 삶의 방식의 성공과 실패의 여부가 아니라, 그들이 어려움 속에서 이뤄낸 작은 진전이 아닐까?

---

1 태양광 광기전 효과(photovoltaic effect)를 이용하여, 태양으로부터 오는 빛을 전기에너지로 바꾸어 주는 발전 방법을 말한다. 빛 에너지를 직접적으로 전기에너지로 바꾼다는 점에서 빛의 열에너지를 이용하여 발전하는 태양열발전과는 구분된다.
2 택지개발 대규모의 토지를 대상으로 도로 건설 등의 공공시설을 정비 하여 택지를 조성하는 개발 행위를 의미한다.

자급자족의 삶, 오프 더 그리드 하우스

글 **박종혜**(군산대학교 연구원)

2017년도에 '자발적 고립 다큐멘터리'라는 주제로 프로그램이 방영된 적이 있었습니다. 출연자가 외딴 숲속의 작은 집에서 '한 번에 한 가지 일만 하기', '주변 식재료로 제철밥상 한 끼 만들어 먹기' 등의 미션을 수행하며 생활하는 모습을 꽤 흥미롭게 시청했습니다. 여기에서 등장하는 숲속의 작은 집은 오프 더 그리드 하우스(off-the-grid house)입니다. 오프 더 그리드(off-the-grid) 또는 오프 그리드(off-grid)는 공공시설의 도움 없이 전기, 가스, 수도를 자급자족하는 건물(혹은 마을)을 의미합니다. 여기서 '그리드(grid)'는 전기의 전력망을 일컫는데, 덧붙여 이야기하면, 요즘 4차 산업과 관련하여 자주 등장하는 스마트 그리드(smart grid)는 전기의 공급자(생산자)와 소비자가 전력의 생산량과 사용량의 정보를 실시간으로 주고받을 수 있는 지능형 전력망 시스템을 말합니다. 다시 돌아와, 오프 더 그리드는 전기뿐만 아니라 수도, 가스, 하수 시스템을 포함하여 공공시설과 연결되지 않는 것을 뜻합니다. 따라서 스스로 필요한 에너지를 만들어 사용하고 음식물, 폐기물 및 폐수를 관리할 수 있어야 합니다. 예를 들어 전기는 태양광으로 충전을 하여 쓰고, 물은 생활하는 동안 주어진 용량만을 씁니다. 조리와 난방은 화목난로를 사용하는 식입니다.

이러한 생활을 가만히 보고 있자니 『월든』의 작가이자 미국 자연주의 철학자 헨리 데이비드 소로우(Henry David Thoreau)가 자연스럽게 떠오릅니다. 『월든』은 한적한 월든 호숫가에 오두막을 지어 자급자족을 하면서 2년 2개월 동안 살았던 소로우의 삶의 기록이었죠.

이러한 삶을 동경하며 직접 숲속에 오두막을 지으신 분이 있습니

박종혜는 한양대학교에서 실내환경디자인 박사 학위를 취득하고 실무와 연구활동을 해왔다. 현재는 군산에서 근대건축물 활용과 공간 트렌드에 관한 연구와 강의를 하고 있다

다. 'EBS 한국기행'에도 소개되었던 곳이라 아마 방송을 통해 익숙한 분들도 계시리라 생각됩니다. 실제로 방문해 보니 첩첩산중이 아닌 큰길가에서 조금만 걸어 들어가도 도착할 수 있어서 더욱 신기했습니다. 무심코 지나칠 수 있는 작은 오솔길에서 이런 자연을 마주할 수 있다니. 이 오두막의 설계자이자 시공자 그리고 주인장이신 최종석 선생님과 궁금했던 이야기들을 나누어 보았습니다.

박종혜 여기는 어떻게 사용하고 계세요?

최종석 주말에는 주로 와서 책도 읽고 친구들과 모임 장소로 쓸 때도 있고요, 평일에도 직장에서 일찍 끝나면 여기서 자고 출근하거나 현장에 나가기도 하고, 자주 옵니다.

박종혜 오두막을 직접 짓게 된 계기가 궁금합니다.

최종석 제가 야영을 하는 사람이라 주로 인적이 드문 오지로 많이 다니는데 가끔 그곳에서 정착해서 살고 계신 분들을 뵙게 되었어요. 너무 좋아 보여서 나도 저렇게 숲속에 오두막을 지어서 조용히 살고 싶다는 생각이 들어 자료를 찾기 시작했고, 당시 소로우 책들을 보면서 영향을 많이 받았죠."

박종혜 직접 와보니 혼자 지내기에 너무 크지도 너무 작지도 않은 크기인 것 같아요. 실제로 주택기본법에서 '최저주거기준'을 설정하고 있는데, 1인 가구의 경우는 14m²(약 4.2평) 이거든요. 여기에는 주방과 욕실이 포함된 면적이니까 이 오두막에 주방과 욕실이 포함된다면 비슷할 것 같아요.

최종석 소로우 오두막이 딱 4평이었어요. 나중에 저도 그 집을 복원해 보고 싶은 생각이 있어요. 그 집을 보면 그 사람이 워낙 검소한 사람이니까 가재도구가 없잖아요. 입고 있는 옷도 한 벌밖에 없고, 침대에 책상이랑 의자 두 개, 그리고 난로 이거밖에 없었으니까 그래서 가능한 집이었어요. 이게 2평인데 실제로 살아보니까 4평이 되면 대저택처럼 느껴질 것 같긴 해요.

박종혜 여기 전기는 어떻게 쓰시나요?

최종석 처음에는 여기 아래에(후배 작업실) 전기가 들어와 있으니까 끌어와서 썼는데, 재작년에 태양광 발전기를 설치했어요. 사실 제일 불편한 것은 물이에요. 그래서 지금은 빗물을 모아서 쓸 수 있는 설비를 준비하고 있어요. 그것만 되면 어디를 가도 독립할 수 있을 것 같아요. 에너지 독립을, 진짜 오프 그리드를 만들 수 있을 것 같아요.

박종혜 그 우수설비는 이동도 가능한 건가요?

최종석 고정된 형태이죠. 지붕에서 흐르는 물을 홈통으로 모아서 다시 탱크에 모은 다음에 필터링을 해서 먹을 수 있게 만드는 방식이거든요. 국내에서는 그것을 '빗물저금통'이라고 해요. 이런 쪽에 관심 있는 분들은 다 아시는 기술일 거예요. 로테크놀로지(low-technology) 중 하나죠.

박종혜 좀 더 편하게 기존 시설을 이용할 수도 있는데 굳이 그렇게까지 하는 이유가 있을까요?

최종석 그냥 내 손으로 다 해보고 싶었거든요. 예전에 어느 분이 그러시더라고요. 나이가 들수록 덜 쓰면서 사는 방법을 배워야 한다

고. 예를 들면 태양광 같은 경우는 한번 설치를 해놓으면 20년 정
도 쓸 수 있거든요. 지금 여기 (태양광)패널은 문짝의 2/3 정도 되
는 크기로 달려 있어요. 그 정도면 제가 여기서 등을 켜고, 노트북
을 사용하는 것들은 충분히 할 수 있어요. 선풍기같이 모터를 사용
하는 것들은 안 되지만요.

박종혜 이곳의 가장 매력적인 점은 무엇인가요?

최종석 계절을 가까이 볼 수 있는 것. 전 이 창을 가장 좋아하는데,
건축적으로 이걸 외국에서는 픽처 프레임(picture frame)이라고
도 하고, 우리나라에서는 차경(借景)이라고 하잖아요. 경치를 빌
려오는 그릇을 만드는 거니까. 항상 숲을 접할 수 있다는 게 마음
도 넉넉해지고 좋죠.

박종혜 끝으로 요즘 이런 삶을 꿈꾸시는 분들이 많은데 하고 싶은
말씀 부탁드립니다.

최종석 주변에서 많이 부러워하는데 사실 이런 것을 만드는 건 어렵
지 않아요. 문제는 땅이죠. 저는 운이 아주 좋았던 사례였고요. 국
가에서 관심을 갖고 제도적으로 지원할 수 있지 않을까 생각합니

다. 호숫가든, 나대지든 오두막을 지을 수 있도록 땅을 빌려주고 주말에는 거기서 지낼 수 있도록 말이죠.

소로우의 집과 숲속의 오두막을 다녀오고 한동안 창문 밖 풍경, 숲속의 공기가 잊히지 않았습니다. 당연하게 주어지는 줄 알았던 전기, 상하수도는 모두가 알다시피 인간의 편리를 위해 만들어진 것입니다. 이로 인해 우리는 같은 시간에 더 많은 일들을 할 수 있게 되었지만, 오히려 해야 할 일들은 더 많아지고 더욱 바빠진 느낌입니다.
분명 더욱 편리한 삶을 살고 있지만, 여전히 피곤한 우리들에게는 아무 것도 하지 않아도 좋을 공간이 필요합니다. 누구나 가슴속에 오프 그리드한 삶을 꿈꾸며 숲속의 오두막 하나쯤 품고 살고 있지 않나요.

최종석의 오두막(69~72쪽)과 국립생태원에 재현된 소로우의 통나무 집(73쪽) (ⓒ박종혜)

지구에 부담을 줄이는 건축

PART3

지구에 부담을 줄이는 건축

도시물순환의 회복

패시브 건축에서 제로에너지 건축으로

생태건축 및 조경, 도시에 관한 국내외 정책 및 제도

거주자를 고려한 친환경 주거계획의 요소

한국 전통건축의 생태적 접근

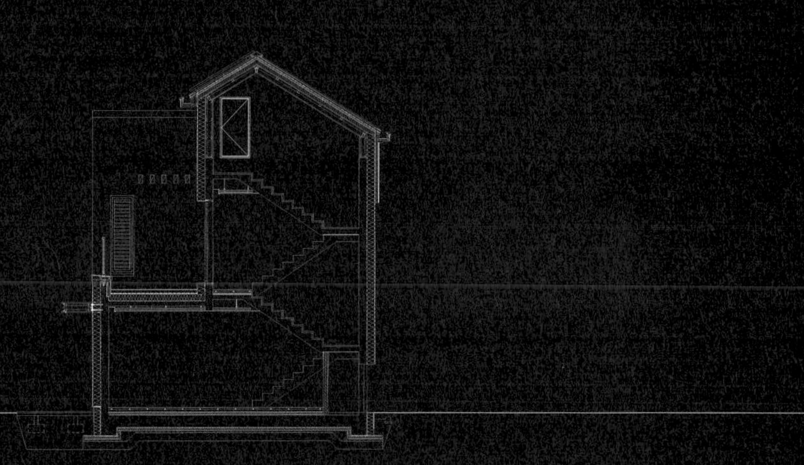

도시물순환의 회복

패시브 건축에서 제로에너지 건축으로

생태건축 및 조경, 도시에 관한 국내외 정책 및 제도

거주자를 고려한 친환경 주거계획의 요소

한국 전통건축의 생태적 접근

도시물순환의 회복

글 **한무영**(서울대학교 교수)

한무영은 서울대학교 건설환경공학부 교수로 서울대학교 토목공학과에서 학사와 석사 학위를, 미국 텍사스 오스틴 주립대학에서 토목공학과 박사 학위를 받았다. 2001년 서울대학교 빗물연구센터를 설립하여 빗물 관련 연구에 매진하고 있으며 현재 대통령 직속 국가 물 관리위원회 위원, 국회물포럼 부회장, 빗물모아 지구사랑 대표로 활동하고 있다.

올바른 기후 위기 대응의 필요성

전 세계적인 기후변화로 홍수, 가뭄, 물 부족 등의 물 분야 재난과 산불, 폭염 등을 비롯한 화재가 발생하고 있다. 환경보호를 주장하는 스웨덴의 그레타 툰베리(Greta Thunberg)는 전 세계의 학생들과 함께 기후변화 스트라이크를 주도하고 있다. 그는 이 지구가 앞으로 미래 세대들이 살아야 할 곳이라고 말하며, 기성세대에게 더 이상 지구를 훼손하는 정책을 시행하지 않을 것을 요구한다. 우리는 스스로를 위해, 다음 세대를 위해 기후 위기에 적극 대응하고 지구를 재해로부터 보호하는 올바른 정책을 펼쳐야 하는 시기를 맞이한 것이다.

한국은 물론 다른 나라의 기후 위기 대응책이 탄소에 집중되어 있으며, 현재 각 국가에게 요구된 탄소 배출량 감축 기한이 얼마 남지 않았다. 이러한 상황에서 "과연 모든 나라가 그 목표를 달성하면 국내의 기후 위기가 당장 해결될 수 있을까?"라는 질문을 한다면 과학적으로 대답할 근거를 찾기가 어렵다. 결과가 불확실한 곳에 무작정 거금을 투자하고, 별다른 조치를 취하지 않는 것과 같기 때문이다. 이보다 기후 위기 문제를 빠른 기간 안에 해결할 수 있는, 상식적으로도 옳고 과학으로도 검증된 방법이 있다. 바로 빗물 관리로부터 시작되는 도시의 물순환을 원활하게 만드는 것이다. 이번 글에서는 도시의 올바른 물순환과 그것이 제대로 이뤄지지 않아 발생하는 문제를 예시를 통해 설명하고, 물순환 문제를 개선할 수 있는 사례와 방법을 제안하고자 한다.

도시물순환이란 무엇인가

순환은 반지 형태와 같이 빙 돌아 다시 제자리로 돌아오는 것을 의미한다. 물의 순환에는 대순환과 소순환이 있다. 물의 대순환은 하늘에서 내린 비가 하수도를 통해 강과 바다로 흘러가고, 그것이 다시 증발하여 구름이 되고 다시 비로 내리는 과정을 말한다. 이 대순환의 고리에 이상이 생기면 아주 큰 문제가 발생한다. 비가 많이 오면 하수도나 하천이 범람하여 홍수

물은 하늘에서 내린 비가 하수도를 통해 강과 바다로 흘러가고, 그것이 다시 증발하여 구름이 되고 다시 비로 내린다. (ⓒ최은화)

가 발생하고, 비가 오지 않으면 농지에 가뭄이 들고 하천에 새로운 물이 유입되지 않아 수질 오염이 발생한다. 또한 물기가 없이 말라버린 도시에서는 폭염이 발생하고, 산에서는 산불이 번질 위험이 높아진다.

그렇다면 도시환경을 쾌적하게 만들기 위해서는 어떤 대책이 필요할까? 앞으로 우리는 물의 소순환을 고려해야 한다. 떨어진 빗물을 하수도와 하천으로 보내는 것이 아니라, 땅에 침투시켜 흙을 적시는 토양수나 식물의 몸체를 구성하는 식생수로 만들어 증발을 통해 구름이 되도록 유도하는 것이다. 이 구름은 땅으로 떨어지고 하늘로 올라가는 것을 반복하는데, 이러한 물의 소순환은 순환주기가 짧아 사람들이 그로 인해 혜택을 금방 얻을 수 있다는 장점이 있다. 물의 소순환은 홍수와 가뭄을 방지하고, 산지의 군데군데 물웅덩이를 만들어 산불을 예방하는 역할을 한다. 그리고 물이 기화하면서 주위의 열을 흡수하기 때문에 폭염을 어느 정도 약화시키는 효과도 지닌다. 이렇게 도시에서 고리가 끊어진 물의 대순환을 빗물 관리를 통한 소순환으로 이으면 기후 위기로 나타나는 여러 문제를 동시에 해결할 수 있다.

국내 도시물순환의 문제점

도시에서는 물의 대순환만 생각하여 빗물을 하천과 바다로 모두 흘려보냄으로써 발생하는 문제들이 있다. 창덕궁의 우물을 보면 그 수위가 옛날보다 10m 이상 낮아진 것을 확인할 수 있다. 과거 도시가 개발되기 이전에는 땅속에 들어가는 빗물의 양이 많아 우물의 수위가 유지됐는데, 지금의 건물 지붕과 아스팔트로 덮인 도로에서는 지하로 물이 들어가지 않아 수위가 떨어졌다. 그 결과 지하수위가 떨어진 땅은 메말라 동물과 식물이 살 수 없는 곳이 되고, 미세먼지가 날리거나 폭염이 발생하기도 한다. 이렇게 도시나 건축물에서 불투수층이 늘어나면 유출계수 또한 증가하여 많은 양의 비가 오는데, 이로 인해 평소보다 더 많은 비가 하수도와 하천으로 흘러가 홍수가 발생한다. 마찬가지로 지하수의 양이 줄어들어 지하수위

는 낮아지고 봄에 하천이 마르는 건천화 현상이 발생한다.

빗물을 모두 흘려보낸 다음 하천에서 물을 공급해 오는 방법이 있으나 과도한 화석에너지 의존과 탄소 발생 문제가 뒤따르기 때문에 좋은 해결책이라고 볼 수 없다. 이렇게 빗물 관리는 버리는 것에 가까운 방법보다는 빗물이 떨어진 곳 근처에 집수시설을 만드는 것이 물순환 체계 구축에 유리한데, 최근 이 아이디어가 전 세계적으로 힘을 얻고 있다.

물순환의 고리를 완성하는 방법

지금까지는 도시를 개발하는 과정에서 빗물 관리가 중요한 요소로 고려되지 않아 환경에 많은 악영향을 줬다. 이러한 개발 방식을 반성하는 차원에서 적극적 빗물 관리를 통해 주위에 영향을 적게 주자는 저영향 개발이 새로운 개념으로 떠오르고 있다. 우리나라의 정부나 지자체에서도 외국의 흐름에 발맞춰 저영향 개발 기법을 도입하고 있다. 하지만 적은 영향이 얼마나 적은 것을 의미하며, 줄이고자 하는 영향은 과연 무엇인지에 대한 의문이 따른다. 또한 새로운 개발 방식에 투입한 자금 대비 얼마만큼의 효율을 얻을 수 있는지도 명확하지 않다. 목표 자체가 애매하고 정량적이지 않기 때문이다.

나라마다 빗물이 내리는 특성이 다르다. 한국은 여름 동안 한 해 강수량의 70% 이상이 집중되어 여름 홍수와 봄 가뭄을 매년 겪고 있고, 국토의 70%가 산지이기 때문에 빗물을 관리하기에는 매우 열악한 조건을 갖추고 있다. 이러한 특수한 환경 때문에 도시물순환 관리가 비교적 쉬운 선진국의 기술을 국내에 적용하기 어렵다. 그러나 한국에는 기후와 지형 특성을 고려한 빗물 관리의 철학과 전통이 남아 있다. 그 철학과 전통은 마을을 나타내는 동(洞)자(물 水 + 같을 同)에서 찾을 수 있다. 오래전부터 물은 마을에서 가장 먼저 생각하여야 하는 자원이었으며, 이 물을 통해 마을 사람들이 같은 물을 사용한다는 공동체 의식을 깨우치는 것이 중요했다. 그리고 마을을 개발하기 전과 후의 물 상태를 유지하기 위해 빗물 관리에 신

(왼쪽) 도시 옥상이나 재개발되는 건물에 물의 소순환을 이용한 분산형 빗물 관리시설의 도입이 필요하다. (ⓒ최은화)
(오른쪽) 서울대학교 공과대학 35동의 옥상텃밭. 빗물을 저장할 수 있는 5cm 두께의 저류판이 있어 그 위에 부직포와 흙을 덮어 꽃과 채소를 기를 수 있다. (사진 제공: 서울대학교)

경을 기울였다. 개발할 때부터 물순환을 가장 먼저 생각하여 주변에 영향을 전혀 주지 않는 무영향 개발이 전통적으로 존재했던 것이다. 경복궁 경회루의 연못이 바로 동(洞)에 입각한 물순환을 실천한 사례라고 볼 수 있다.

현재에도 이러한 가치에 입각한 도시물순환 사례가 있다. 바로 서울대학교 공과대학 35동의 옥상텃밭이다. 이 옥상텃밭은 840m² 면적의 옥상 위에 위치하고 있는데, 이곳에는 빗물을 저장할 수 있는 5cm 두께의 저류판[1]이 있어 그 위에 부직포와 흙을 덮어 꽃과 채소를 기를 수 있다. 이 저류판과 토양은 140t가량의 빗물을 모으는 저류지 역할을 하며, 하류로 내려가는 물을 잡아 도시 홍수를 방지하는 역할을 한다. 그리고 식물이 저류판에 모인 빗물을 흡수하는 과정에서 빗물이 증발하여 기화열로 주변이 시원해진다. 콘크리트 옥상의 표면온도가 55°C일 때 녹화된 옥상이 28°C인 것을 보면, 이 옥상텃밭이 꼭대기 층의 냉방에너지를 줄이고 열섬현상도 방지한다는 것을 알 수 있다. 두 번째 사례는 광진구에 있는 주상복합단지인 스타시티의 빗물 관리시설이다. 5만m² 면적의 상습 침수구역에 대규모 건물을 설계할 당시에 1,000t 용량의 저류조 세 개를 갖춘 빗물 저장시설을 만들었다. 각 저류조는 홍수 방지, 물 절약, 비상 급수용으로 구분·사용되고 있으며, 준공된 지 15년이 지난 지금까지 도시 홍수가 한 번도 발생하지 않았으며, 개별 가구가 부담하는 공공 수도요금은 월 300원 정도이다. 이 도시물순환 사업을 본보기로 삼아 전국 지방자치단체가 건물에 빗물시설을 설치하면 경제적 인센티브를 부여하는 조례가 만들어졌으며, 아직까지 이 시설은 지역 내 빗물을 관리하는 다목적 분산형 빗물 관리시설로 손꼽히고 있다.

도시물순환의 끊어진 고리를 잇자

현재 국내 도시물순환 구조는 끊어져 있거나 오랜 시간이 소요되는 물의 대순환에만 의지하고 있다. 전통적 도시물순환 정책으로 인해 우리의 도시는 홍수, 가뭄, 폭염, 산불 등의 다양

(왼쪽) 서울시 광진구에 위치한 스타시티에는 1,000t 용량의 저류조 세 개를 갖춘 빗물저장시설이 있다. (사진 제공: 스타시티)
(오른쪽) 도시를 쾌적하게 만들기 위해서는 물순환의 고리를 잇거나 물순환의 주기를 단축하는 방안이 필요하다. (ⓒ최은화)

한 기후 문제로부터 위협을 받고 있다. 이러한 상황 가운데 도시를 쾌적하게 만들기 위해서는 물순환의 고리를 잇거나 물순환의 주기를 단축하는 방안이 필요하다. 즉 빗물을 떨어진 자리에서 모으고 이것을 증발시킨 다음 구름으로 만들어 다시 도시에 떨어지도록 하는 것이다. 만약 도시 옥상이나 재개발되는 건물에 물의 소순환을 이용한 분산형 빗물 관리시설을 도입한다면 도시는 빠른 시일 안에 쾌적해질 것이며 기후 위기에도 확실하게 대응할 수 있을 것이다.

1 저류판 물을 일정 시간, 일정 공간에 머무르게 하도록 설치하는 구조물이다. 도심에 빗물 저류판을 설치하면 빗물을 한 번 저류하기 때문에 강수 시 유출량을 줄여 도심 홍수를 예방하는 효과가 있다.

패시브 건축에서 제로에너지 건축으로

취재 **김예람**(월간 「SPACE(공간)」 기자)

녹색건축으로의 전환

우리의 일상은 많은 에너지를 소비하며 지탱되고 있다. 시원한 온도가 유지되는 냉장고에서 식재료를 꺼내 요리를 하고, 따뜻한 물로 샤워하고, 교통수단을 이용해 외출하는 보편적 삶은 화석에너지 사용을 전제로 이뤄진다. 이러한 라이프스타일은 많은 양의 탄소를 발생시켜 평균기온을 상승시키는 등 지구환경에 악영향을 미치고 있다. 세계 각국은 일상 속에서 에너지 자원을 절약하고 오염물질 배출을 감소시키는 것을 통해 환경을 개선하자는 공감대를 형성하고 있으며, 기후협약 체결로 사회적 합의를 행동에 옮기고 있다.

녹색건축에 관한 국내 논의는 2009년 서울에서 열린 도시 기후 리더십 그룹(C40) 정상회의 이후에 급격한 진전을 이뤘다. 이 시점을 전후로 국제사회가 한국에게 온실가스 감축을 요구하자, 정부는 녹색성장위원회 보고대회를 열어 감축 목표치를 달성하기 위한 방안을 모색했다. 그 당시에 제시된 2017년 패시브하우스 의무화, 2025년 제로에너지 빌딩 의무화 로드맵은 지금의 건축물 관련 에너지 정책의 근간이 됐다. 녹색건축 정책 중 가장 먼저 시장에 적용된 패시브 건축[1]은 채광, 환기, 단열 등의 요소에 중점을 둔 설계 방식이다. 이 방식은 대지의 특성을 설계에 반영하여 건물의 쾌적성과 에너지 효율을 높이는 것을 목표로 하며, 특별한 설비 없이 건물의 자체 성능만으로 열의 흐름을 조절하여 냉방과 난방 효과를 얻고자 한다. 이와 반대되는 개념은 바로 액티브 건축이다. 액티브 건축은 단어 그대로 능동적으로 에너지를 확보하는 것에 주안점을 둔다. 액티브 건축은 폐열 회수장치, 신재생 에너지 설비 등의 기계장치를 활용하여 건물에 사용되는 에너지를 생산하고 소비하는 형태를 의미한다.

제로에너지 건축은 건축물에 필요한 에너지 부하를 최소화하고 신에너지 및 재생에너지를 활용하여 에너지 소요량을 최소화하는 녹색건축물을 말한다. 즉 건물의 사용 에너지와 생산 에너지의 합이 최종적으로 0(zero)이 되는 건축물을 의미하며, 패시브 건축과 액티브 건축을 혼합한 개념이다. 근래 지속가능한 생활환경에 대한 관심이 높아지면서 패시브 건축과

국립생태원 생태체험관, 에코리움. (사진 제공: 국립생태원)

제로에너지 건축이 국내에 많이 적용되고 있는데, 과연 그것들은 어떠한 모습과 방식으로 에너지의 효율적 사용을 이야기하고 있을까?

에너지 손실을 줄이는 패시브 건축

국내에서 패시브 건축이 알려지게 된 것은 2009년 화성 반송동 2L 근린생활시설과 파주 동패동 1.9L 단독주택이 지어진 이후부터다. 두 사례가 유명해지면서 많은 지방자치단체가 패시브 주택의 보급을 지원하는 정책을 시행했고, 그렇게 국내 패시브 건축의 흐름은 주거시설을 중심으로 전개됐다.

자림이앤씨건축사사무소가 설계한 광주 서창동 저에너지 주택도 이러한 주거 흐름 속에서 지어졌다. 이 건물은 부모와 두 아들이 사는 주거 공간으로 세 채로 구성됐다. 외피 면적을 최소화하는 것이 에너지 효율을 높이는 기본적인 방법이지만, 각 세대의 프라이버시를 고려하는 것이 우선이었기에 건물이 세 동으로 나눠졌다. 대신 채광 유입을 높이기 위해 모든 건물이 남향으로 배치됐으며, 부모가 거주하는 공간을 단층으로 계획하여 아들이 사는 공간에 채광이 잘 들어오도록 계획됐다. 이 주택에는 단열재 하부에 방수층을 두는 역전지붕이 적용됐는데, 이것으로 인해 건물 외피의 단열선이 끊어지지 않아 열교[2] 발생 우려가 크게 줄어들었다. 이러한 지붕의 단열 시공은 철근콘크리트조에 방수와 모르타르[3] 처리를 한 뒤 내부 천장에 단열재를 붙이는 일반적인 단열 시공보다는 에너지 절감에 유리하다.

광주 서창동 저에너지 주택보다 규모가 좀 더 큰 패시브 건축 사례로는 청주 가온누리 마을이 있다. 이 마을은 총 6채의 주택으로 구성됐는데, 건물의 간격이 주택 높이의 2배 이상으로 확보되어 채광 유입이 원활하다. 가온누리 마을의 주택은 지역의 일사각을 고려하여 한 면이 8m를 넘지 않도록 계획됐고, 햇빛이 들어오는 각도가 고려되어 6.7m 깊이의 주거 공간이 만들어졌다. 이로 인해 남향으로 비추는 햇빛이 주택 내부까지 들어오도록 설계됐다. 그

리고 이 주택은 단열재 세 종류가 겹침시공되어 일반 주택보다 1.2~2배 높은 단열성을 지닌다. 습윤환경으로부터 부재를 보호하는 압출법 보온판, 외단열* 시스템의 시공성이 좋은 비드법 보온판, 지붕의 열교를 차단하는 글라스울이 시공되어 건물의 에너지 효율을 높였다. 또한 높은 천장으로 인해 실내에 바람길이 생겨 여름에 통풍이 잘 되고, 창을 통해 획득된 열에너지가 내부에 축적되어 겨울에 실내 온도가 따뜻하게 유지된다.

에너지 자립을 목표로 하는 제로에너지 건축

2009년 11월 정부의 그린빌딩 활성화 방안이 발표되면서 건물의 에너지 효율을 중시하는 움직임이 강해졌고, 제로에너지 건축을 표방하는 사례들이 등장하기 시작했다. 이번에도 주거시설이 가장 먼저 그 흐름에 반응했고, 그중 노원 에너지제로 주택은 국내 주거환경에 제로에너지 개념을 적극 도입한 시설이다. 제드건축사사무소가 설계한 이 시설은 아파트, 연립주택, 땅콩주택, 단독주택 등으로 구성된 주거단지로 다양한 주거 유형을 한데 모아 에너지 효율을 시험하는 실증 단지다. 노원 에너지제로 주택은 건물 입면과 옥상에 설치된 태양광발전설비로 전기를 생산하고, 지층의 온도와 지하수를 열원으로 이용하는 지열 히트 펌프를 통해 난방을 한다. 이렇게 생산된 신재생에너지는 각 가정에 공급되어 거주 공간이 외부와 접하는 면적을 조절하는 블라인드, 오염된 실내 공기를 내보내고 항균필터로 걸러진 외부 공기를 유입하는 열회수형 환기장치 등에 사용된다. 이러한 액티브 기술은 중·대형 건축물에 적용됐을 때 그 효과가 더 크게 나타나기 때문에 최근 공공건축에서도 관련 사례를 쉽게 찾을 수 있다. 제드건축사사무소는 서울 강동구 둔촌도서관을 설계할 당시에 내부 온도와 채광량을 일정 수준으로 유지하여 쾌적한 독서환경을 조성하고자 했다. 그들은 단열재를 외벽에 시공하여 건물 내외부의 열교를 차단하여 냉난방에너지 손실을 줄였고, 열회수형 환기장치를 도입하여 창과 문 같은 개구부에서 발생하는 열 손실에 대응했다. 그리고 옥상

(왼쪽) 제드건축사사무소가 설계한 노원 에너지제로 주택에는 제로에너지 개념이 적용됐다. (ⓒ제드건축사사무소)
(오른쪽) 노원 에너지제로 주택의 설비시설. 왼쪽에 지열환수관, 오른쪽에 온수순환펌프가 있다. (ⓒ제드건축사사무소)

층에 조경을 포함한 계단식 데크를 설계했으며 그 위에 태양광발전 패널을 평지붕 모양으로 설치했다. 주변 경관을 고려하여 에너지 생산설비를 도서관 입면이 아닌 지붕에 부착한 것이다.

충청남도 서천군에 위치한 국립생태원은 건립 초기부터 운영 과정에서 발생할 수 있는 이산화탄소 배출량을 줄이고, 지구온난화에 미치는 영향을 최소화하기 위해 건물의 에너지 효율성을 높이기 위한 여러 가지 패시브, 액티브 기술을 도입하여 건립했다. 국립생태원은 관리직과 연구원들이 근무하는 연구구역과 일반인들이 관람하는 전시구역으로 구분되는데, 설계를 맡은 삼우종합건축사사무소는 건물들을 설계하면서 연구구역의 건물들은 고단열, 고기밀, 열교환기, 외부차양, 쿨피트, 천장복사패널 냉난방 설치 등 건물의 에너지 사용량을 최소한으로 줄이고 효율을 극대화했다.

전시구역의 건물인 생태체험관(에코리움)은 음영 시뮬레이션을 진행하여 태양의 궤적, 음영, 위치별 채광량 등을 파악하여 전시되는 식물들이 잘 성장하는 환경을 만드는 데 큰 역할을 했다. 시뮬레이션 결과를 바탕으로 에코리움 내 온실은 자외선 유입량 35%를 차단하는 저철분 로이 복층유리로 마감되었다. 또한 국내에서 최초로 창틀난방 시스템도 적용되었다. 창틀난방 시스템은 철재로 제작된 수직창틀에 40~60℃의 중온수를 공급하는 방식으로, 온수의 복사열을 사용해 식물에게는 강제 공기 순환으로 인한 스트레스를 없애고 실내 온도를 고르게 만들어 쾌적한 생육환경을 조성하는 데 적합하다.

이 시스템은 실내에 따뜻한 기류를 순환하는 방식보다 약 30%의 난방에너지를 절감하고 여름에는 기존에 사용한 순환수를 냉방 용도로 재사용할 수 있다는 장점이 있다. 이 밖에도 바이오매스 보일러, 지열히트 펌프 등의 설비로 국립생태원을 운영하는데 화석에너지 0(zero)를 구현하고 있다. 노원 제로에너지 주택과 국립생태원 에코리움 같은 사례가 등장하면서 공공건축을 중심으로 패시브 건축물에 액티브 기술을 더한 건물들이 많이 생겨났다.

이러한 현상은 제로에너지 개념을 모든 건축물에 도입하자는 논의로 이어졌고, 2020년 1월 1일부터 연면적 1,000m² 이상의 공공건축물은 제로에너지 건축물 인증 및 건축물에너지 효율등급을 반드시 획득해야 하는 제도가 신설됐다.

제로에너지 활성화를 위한 움직임

제로에너지에 관한 학계 및 산업계의 논의가 활발하게 이뤄지면서 관련 건축 정책의 실효성을 높이는 방안을 모색해야 한다는 목소리가 높아지고 있다. 제로에너지 개념이 시장에 정착되지 않은 상황에서 공공건축물의 제로에너지 인증을 의무화하는 제도가 시행됐기 때문이다. 2025년에는 500m² 이상의 공공건축물, 1,000m² 이상의 민간건축물 및 30세대 이상의 공동주택도 제로에너지 관련 인증을 의무적으로 표시해야 하며, 그로부터 5년 뒤인 2030년에는 연면적 500m² 이상의 모든 신축 건축물도 이 인증을 받아야 한다. 이러한 상황에서 국내 제로에너지 건축 정책은 어떠한 방향으로 흘러가고 있을까?

한국토지주택공사는 블록, 지구 단위의 제로에너지 시범사업을 추진하여 신도시를 중심으로 에너지 자립률을 높이려 하고 있다. 공동주택 단지사업(화성 남양뉴타운 B11 블록, 과천 지식정보타운 S-3 블록, 인천 검단지구 AA10-2 블록)을 시작으로 공공임대 주거단지에 관한 에너지 절약 기술을 연구·개발하고 있다. 입주자의 생활방식, 임차기간 등을 고려한 에너지 관리 시스템이 이 사업 모델을 통해 구축되고 있는데, LH는 이 시스템을 더 넓은 규모의 공공주택지구에 확대 적용할 계획이다. 적용 대상지로 선정된 구리 갈매역세권 공공주택지구와 성남 복정1 공공주택지구는 평균 에너지 자립률 20%를 목표로 한다. 작은 옥상 면적으로 신재생에너지 설비를 설치하기 어려운 고층 건물에는 약 7~15%, 저층 공공건물에는 40% 이상의 에너지 자립률을 의무적으로 확보하는 가이드라인이 적용되며 전체 목표치의 부족분은 공용시설 부지에 설치되는 태양광 설비의 생산량으로 보충된다. 그리고 3기 신도시인

(왼쪽) 에코리움은 태양의 궤적, 음영, 위치별 채광량 등을 파악하여 전시되는 식물들이 잘 성장하는 환경으로 조성됐다. (사진 제공: 국립생태원)
(오른쪽) 창틀난방 시스템, 바이오매스 보일러, 지열히트펌프 등의 설비로 국립생태원을 운영하는 데 화석에너지 0(zero)를 구현하고 있다. (사진 제공: 국립생태원)

남양주 왕숙지구에도 제로에너지 요소가 적극 도입될 예정이다.

이렇듯 국내 제로에너지 건축은 신도시를 중심으로 전개되고 있다. 그런데 최근 대규모 주거 개발보다는 기존의 도시환경을 개선하는 것이 적은 비용으로 큰 에너지 절감효과를 일으킬 수 있다는 주장이 제기되고 있다. 이미 지어진 건물을 고치는 것이 신축보다 사업 규모가 작아, 제로에너지 개념을 시장에 빠르게 정착시킬 수 있다는 이유 때문이다.

노원 에코센터, 불암산 나비정원을 비롯한 다양한 친환경 건축물을 설계한 이명주 명지대학교 교수는 그린 리모델링 도입을 제로에너지 건축의 중요한 분기점으로 바라보고 있다. 그는 "2017년을 기준으로 지어진 지 30년이 넘은 국내 노후시설물이 전체의 36.5%에 달한다"고 말하면서 곰팡이, 결로 등으로 열악해진 공간환경을 지적했다. 그러면서 "공공시설물 개선에 대한 과감한 투자로 건물의 단열 성능과 기밀성을 높이고 열회수형 환기장치와 재생가능한 에너지 설비를 설치하여, 재실환경 개선과 화석에너지 의존도 감소를 동시에 꾀할 수 있다"고 주장했다. 그를 비롯한 건축계의 의견을 반영하듯, 정부의 제3회 추가경정예산안에는 그린 리모델링 사업에 관한 내용이 포함됐다. 2020년 7월 3일에 이 예산안이 통과됨에 따라 노후화된 생활SOC 1,085동과 건설된 지 15년 넘은 공공임대주택 1만 300호가 제로에너지 건물로 리모델링될 예정이다.

제로에너지 건축물은 초기에 설비를 설치하는 비용이 많이 소요되는 데다 설비 투자비의 회수기간이 길어, 상용화에 다소 어려움을 겪고 있다. 현재 정부가 신재생에너지 설비를 설치하는 데 드는 비용을 지원하는 보조금 정책을 시행하고 있지만 이보다 더 적극적이고 다양한 인센티브가 필요하다.

국내 건축시장에서 민간건축의 비중이 공공건축보다 큰데, 이러한 상황에서 제로에너지 개념이 확산되기 위해서는 건축기준 또는 기부채납률 완화 같은 법규 인센티브나 주택도시기금 대출한도 확대, 에너지 절약시설 세금감면 등의 금융제도 개선이 필요해 보인다. 또한 전

포스코에이앤씨 건축사사무소가 설계한 세종 가락마을 로렌하우스. (ⓒ포스코에이앤씨 건축사사무소)

국 705만 동의 건축물 중 36%가 노후 건축물인데, 이러한 건물의 에너지 성능을 향상시키기 위해서는 그린 리모델링 사업에 관한 정부의 지원이 지속적으로 이어져야 한다.

1 **패시브 건축** 난방설비를 통한 인위적인 에너지공급(active) 없이 건물 그 자체만으로도(passive) 쾌적한 실내온도를 유지하는 건축을 말한다. 주로 단열재의 사용, 폐열 재활용 등으로 에너지 효율을 높이는 사례가 많다.
2 **열교** 구조체의 일부에 극단적으로 열전도율이 큰 것이 있으면 그 부분은 다른 부분보다도 열을 전하기 쉽게 되는 열적 단락부를 구성하는데, 이 부분을 열교 혹은 냉교라 한다. 겨울철 냉방 시에 실내 측에서 다른 부분보다도 온도가 높아지는 경우를 열교라 한다.
3 **모르타르** 시멘트와 모래를 물로 반죽한 것이다. 고착재의 종류에 따라 석회모르타르, 아스팔트모르타르, 수지모르타르, 질석모르타르, 펄라이트모르타르 등으로 세분화된다.
4 **외단열** 외벽, 지붕 등의 외주 부위를 단열할 때 단열재를 해당 부위의 주요 구조체 외기 측에 넣는 단열 방법을 말한다. 만일 구조체가 콘크리트 등 열용량이 큰 재료이면 실내에 축열 효과를 유지할 수 있게 되어 실내에 들어오는 태양열을 축열할 수 있다.

생태건축 및 조경, 도시에 관한 국내외 정책 및 제도

글 **이은석** (건축도시공간연구소 녹색건축센터장)

이은석은 서울대학교 대학원 협동과정 조경학 전공에서 공학박사 학위를 취득했으며, 현재 건축도시공간연구소 녹색건축센터장을 역임하고 있다. 녹색건축유공자 정책 부문 표창(2018), 행정안전부 장관 안전도시환경 조성 부문 표창(2019), 충청남도 도지사 내포 신도시 개발사업 부문 표창(2019)을 수상한 바 있다. 주요 연구 실적으로 '자연재해·재난 대응을 위한 탄력적 도시설계 연구'(2019), '녹색건축물 채권 도입 및 적용방안 연구'(2018), 'Design strategies to reduce surface-water flooding in a historical district'(2018) 등 이 있다.

코로나19에 가려진 미래위협: 기후 위기

한국을 포함한 전 세계는 지금 코로나바이러스감염증-19(코로나19)로 어려운 시기를 보내고 있다. 이 시기가 길어질 수 있다는 사회 불안감이 세계적 고민으로 여겨지는 가운데, 우리는 현대사회에서 겪어본 적 없는 생업과 생명의 위기를 매일 논하고 있다. 그런데 역설적으로 감염증 확산을 막기 위해 인간의 활동을 봉쇄하는 조치는 야생동물이 살기 적합한 환경을 만들고 있으며, 온실가스 배출량의 급감을 유발하고 있다.

코로나19 이전까지 기후문제는 세계적 고민거리였다. 기후변화가 아닌 기후 위기로 어젠다를 바꿔야 한다는 주장이 힘을 얻고 지구와 환경에 대한 여러 캠페인이 이어졌다. 하지만 196개국이 참여한 국제적 협약인 파리협약이 체결됐음에도 불구하고 경제성장을 이유로 각국의 온실가스 감축 노력은 더디기만 했다. 그런데 코로나19가 발병하면서 전 세계가 기후 위기에 대응할 필요성을 같은 시기에 느끼게 됐다. 짧은 기간 동안 경제활동이 위축되는 것만으로도 대기환경이 나아지는 현상은 우리에게 환경 개선의 가능성을 엿보게 하면서도, 장기적으로 그리고 세계적으로 어떤 수준의 노력을 진행해야 하는지를 가늠해 보는 기회를 제공하고 있다.

국내 건축-도시 생태계가 환경에 미치는 부담

과거의 성장 지향적 개발은 환경에 꾸준한 부담을 줬다. 성장과 번영을 위해서 20세기 대한민국은 건축을 통해 개발 영역을 확장하는 산업생태계 구조를 당연시했다. 1980년대 이후 급격한 도시화로 인해 발생한 각종 환경문제가 인명을 위협했는데, 이러한 사건들을 계기로 환경에 대한 대중의 관심이 촉발됐고 이는 1994년 환경부가 설립되는 원동력이 됐다. 초기 환경부는 환경오염 문제 해결에 집중했지만 2000년대부터 교토협약에 근거한 지속가능성 마련, 생태성 회복, 기후변화 대응의 필요성이 제기됨에 따라 환경적 위해를 종합적으로 삼

환경부는 도시의 에너지 구조를 저탄소 중심으로 전환하고 녹색산업의 혁신을 통해 기후탄력사회로 나아가고자 하는 목표를 갖고 있다. (ⓒ최은화)

시하는 정책체계를 마련했다.

그러나 여전히 도시 및 건축 분야에서 성장과 개발의 관성은 건재하다. 21세기 들어 지어진 행복도시, 혁신도시 등의 신도시 개발의 계획은 친환경적 지속가능성을 모토로 계획됐다. 그러나 건설 과정에서 기존 자연을 완전히 삭제하고 새롭게 인공자연을 만드는 방식이 적용되어, 엄청난 화석연료[1]를 소모하는 건설장비들이 동원됐다. 이런 과정을 거쳐 완성된 건축물 또한 화석연료를 에너지원으로 사용하는데, 이를 통해 도시를 개발하면서 내세운 본래 취지가 사라진 것을 알 수 있다. 그나마 이미 개발된 지역에서 시행되는 도시재생[2]은 기존 자연을 파괴하지는 않지만 그것이 생태적 건축과 도시로의 전환에 미치는 영향은 아직 미미한 수준이다.

환경 부담을 낮추기 위한 정부주도형 생태건축

정부는 개발과 성장을 추구하면서도 지구환경을 개선하자는 국제사회의 요구를 받아들여 왔다. 1997년 12월 일본에서 합의된 지구온난화 방지 교토회의(COP3)의 내용을 국회가 2002년 11월 비준했는데, 한국은 개발도상국가로 분류되기 때문에 온실가스 감축의무가 없음에도 불구하고 기후 위기에 선도적으로 대응했다. 이때를 기점으로 생태도시를 연구하는 정부기관과 학계 연구자가 늘어나기 시작했고 그들을 통해 브라질 꾸리찌바, 독일 프라이부르크, 영국 밀턴-케인즈와 같은 친환경 도시가 국내에 소개됐다. 그중 독일의 생태도시 정책이 국내에 적극 도입되면서 비오톱, 생태복원, 옥상녹화, 인공습지, 에코 코리더 등이 친환경 공간 요소로 중요하게 다뤄졌다.

2010년 「저탄소 녹색성장 기본법」(이하 녹색성장법)이 제정되면서 녹색으로 대변되는 친환경 사회 구현을 위한 법적 기준이 마련됐다. 녹색성장법 제정 당시 녹색기술을 비롯한 다양한 친환경 건축용어가 기술됐고 법적으로 기후변화와 지구온난화가 성문화됐다. 생태 부문

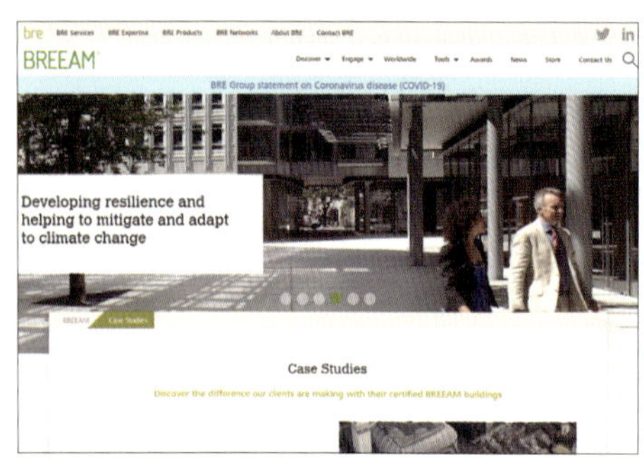

에는 기후변화 대응 원칙, 지속가능 발전 기본원칙이 명시됐고 이것들은 국토관리의 광역 생태축, 생태관광 등에 적용됐다. 아쉽게도 생태도시가 녹색도시로 전환되면서 법적 용어에 반영되지 못했으나, 녹색도시는 현재 국토교통부 훈령 중「도시개발업무 지침」과「공동주택 업무처리지침」,「저탄소 녹색도시 조성을 위한 도시·군계획수립지침」에 그 기준과 역할이 명기됐다. 또한 2013년에「녹색건축물 조성 지원법」이 만들어진 후 국가기본계획, 지방자치단체의 관련 수립계획 등 다양한 제도가 신설되면서 정책의 틀이 갖춰졌다. 인증 부문은 관련 법규보다 조금 앞서 체계화됐다. 녹색건축물 인증은 설계, 자재, 시공, 폐기 등 건축의 전 과정에서 에너지와 환경오염 저감에 기여한 건축물에 대해 환경성능을 검사하는 제도다. 2002년 1월 건설교통부와 환경부가 함께 공동주택을 대상으로 하는 친환경 건축물 인증제도를 시작했고, 2005년 11월 건축법 제58조에 친환경 건축물의 인증조항을 신설했다. 이후에는 연면적 3,000m² 이상 공공건축물을 대상으로 친환경 건축 인증 의무화를 실시했으며, 관련 인증을 녹색건축물 조성 지원법에 승계하여 제도적으로 고도화하고 있다. 현재 국토교통부와 환경부가 공동으로「녹색건축인증에 관한 규칙」,「녹색건축인증 기준」을 운영하고 있다.

국내 녹색건축인증과 유사 해외제도의 비교

한국의 녹색건축인증과 유사한 해외제도에는 민간 인증이 있다. 건축물에 생태적 개념을 접목한 이 제도는 사무용 건축물의 에너지, 물 사용, 건강 및 복지, 생태 및 관리 등을 평가하기 위해 도입됐으며, 1990년 영국의 BREEAM이 그 시초다. 이후 1995년 프랑스의 HQE, 1998년 미국의 LEED가 개발됐으며 호주의 GREEN STAR, 독일의 DGNB, 일본의 CASBEE가 뒤이어 만들어졌다. 녹색건축을 인증하는 해외 심사제도는 대부분 민간이 건축물의 친환경성을 심사해 등급을 부여하는 방식으로 운영된다. 각국의 인증제도는 국제적으로 통용되고 있

(왼쪽) 영국의 BREEAM을 운영하는 BRE 홈페이지(www.breeam.com)
(오른쪽) 미국의 LEED를 운영하는 USGBC 홈페이지(www.usgbc.org)

는데 그중 LEED가 가장 보편적으로 적용되고 있으며, 2018년 5월을 기준으로 164개국 10만 8,779채의 건축물이 LEED 인증을 받았다.

최근 세계 각국이 기후변화에 대한 영향성을 고려해 녹색건축인증에 관한 심사기준을 강화하고 있다. 독일은 관련 인증제도 중 최초로 유럽연합의 지속가능한 건축물 인증을 지표에 반영하면서 건축물이 주변 환경과 지역경제에 미치는 영향 등을 살피고 있으며, 미국은 건축물과 관련이 있는 교통수단에서 발생하는 온실가스를 인증 항목에 추가했다. 영국은 더 나아가 홍수를 비롯한 자연재해 대응, 온실가스 배출 감소를 가점 항목으로 평가한다. 그리고 건축물 성능 저하에 따른 친환경성 약화 여부를 확인하기 위해 각 나라들은 저마다 인증 유효기간을 설정하고 있다. 그중 미국은 5년, 영국은 1년(3년 유지 권고), 일본은 3년(사후관리 5년)을 인증 만료기한으로 정했다.

해외에서는 왜 민간이 친환경 건축물 인증제도를 적극적으로 운영할까? 그 이유는 친환경 인증 건축물의 부동산 가치가 높기 때문이다. 물론 인증에 적지 않은 비용이 들어가지만, 중장기적으로 수익률 향상이 어느 정도 보장되어 있기 때문에 그것을 투자비로 생각하는 것이다. 하나의 건물이 특성이 다른 인증을 여러 개 취득하는 사례도 어렵지 않게 찾을 수 있을 정도다. 호주 부동산연구소는 Green Star 인증을 취득한 건축물은 2~3%의 경비 증가, 1.5%의 에너지 감소, 5%의 임대가치 상승, 12%(최대 21%)의 판매가치 향상이 이뤄졌다고 보고서에 기술했다. 이는 시장에서 친환경 건축물로 인증받은 건물이 자산 가치가 높다는 인식이 증명된 것으로, 건축주로 하여금 투자의 개념으로 친환경 건축을 짓고 인증받으려고 하게 하는 시장원리가 작동함을 보여준다.

반면 한국의 녹색건축 인증제도는 해외와 달리 공공주도형이다. 국토교통부와 환경부가 주관해 인증에 관한 기준을 세우고, 공공건축물과 공기업에서 그것을 실현하여 민간시장으로 확산을 유도하는 구조를 갖는다. 2020년 1월을 기준으로 국내에는 녹색건축인증을 취득한

건축물이 1만 4,031동인데, 여기에 2019년 말 기준 국내 전체 건축물의 수인 724만 3,472동과 비교하면 사뭇 느낌이 달라진다. 비교를 하게 되면 녹색건축인증을 획득한 건축물의 수는 전체 건축물의 약 0.2%가 안 된다. 고무적인 것은 최근 들어 매년 2,200여 동의 녹색건축물이 생겨나고 있으며, 작년에 지어진 약 5만 동의 신축건축물 중 4%가 녹색건축물에 해당한다. 아직 국내 건축시장에서 녹색건축물이 차지하는 시장성이 크지는 않지만 녹색건축에 대한 선입견이 바뀌고 있음을 시사하는 지표인 것이다.

앞서 설명했듯 해외와 달리 국내에서 녹색건축은 일반 건축물보다 초기 투자비용이 많이 들고 예비인증과 본인증 등 설계와 인허가 절차가 길어 비용이 추가로 상승한다고 인식되고 있다. 그러나 패시브 건축을 중심으로 민간 인증과 그것을 다루는 전문인력이 늘어나고 있으며, 건물의 지속적 유지관리를 요구하는 현상이 증가하고 있어 상황의 반전을 기대해 볼 만하다. 앞으로 국내 녹색건축 인증제도가 호주의 Green Star처럼 사회적으로 인정받아, 녹색건축의 자산 가치가 보편적으로 지어지는 건축물의 그것보다 높다는 명제가 저변에 자리 잡는 일은 시간문제라 할 수 있다.

그린뉴딜의 세계적 이슈화

그린뉴딜[3]은 미국 오바마 정부의 중요 정책으로 시작됐다. 트럼프 정부가 들어서면서 정책 기조에 침체가 있었는데 최근 하원의원인 알렉산드리아 오카시오 코르테즈(Alexandria Ocasio-Cortez)가 그린뉴딜에 관한 내용을 발의하면서 관련 논의가 공론화되고 있다. 2019년 2월 7일 대표 발의된 문건에는 건축물의 기후재해 탄력성 향상, 친환경 기술 등 기후영향에 관련한 기반강화, 신재생에너지 산업육성, 기존 건축물 에너지 성능향상, 저탄소 농업, 저탄소 교통체계, 온실가스 제거기술 등 14개 사업의 추진방안에 관한 내용이 담겨 있다. 마지막에는 이 모든 기술이 산업경제의 기반으로서 국민의 건강성, 안전하고 적정한 주거, 경제

한국 공공건축물 녹색건축인증 인증기관 중 하나인 한국환경산업기술원 홈페이지(www.kriea.re.kr)

적 안정성, 청정한 공기 등에 대한 접근성을 확보하는 것에 목표를 둔다는 조항이 있다.

코로나19로 인한 경제 위축이 국내에서도 문제가 되자, 그린뉴딜이 2020년 5월 대통령 취임 3주년 대국민 특별연설에서 한국형 뉴딜정책과 그 일환으로 경제 회생정책에 포함되어 발표됐다. 대통령이 직접 언급한 경제 부흥정책의 방향이 기후위기에 대응하기 위한 산업육성과 일자리 창출로 설정되면서 이 산업에 대한 정부재정 지원계획이 후속 발표되고 있다. 언론에서는 이를 "한국형 그린뉴딜을 화석에너지 중심의 에너지 정책을 신재생에너지로 전환하는 등 저탄소 경제구조를 추진하면서 새로운 투자와 일자리를 창출하는 정책"으로 설명한다. 공개된 바로는 저탄소 경제구조가 발전·산업·건물·수송·지역거점·기타 등 6개 분야 23개 사업으로 구성되며 3조 6,000억 원의 예산으로 재생에너지 전력인프라, 사업장 에너지진단 자금지원, 그린스쿨, 저소득층 주택효율화, 미래차 육성, 전기 이륜차 전환 등이 추진된다.

이 사업을 통해 온실가스 1,620만t을 줄이고 일자리를 34만 개를 만든다고 한다. 다시 속도가 붙을 것으로 예상되는 미국의 그린뉴딜 정책은 인간이 활동을 하되 지구환경에 미치는 영향을 최소화하며, 기후재해에 대한 적응력을 갖추는 생태적 철학을 기본으로 한다. 이에 비해 한국의 그린뉴딜 정책은 단시간에 시행되는 에너지 전환의 수단에 방점이 찍혀 있다. 보다 긴 안목을 갖고 기후변화에 따른 생태적 변화에 대응하는 방식이 요구된다.

한국형 그린뉴딜 정책의 로드맵

국내 그린뉴딜 정책은 환경부의 구상을 기본으로 하고 있다. 최근 환경부는 도시의 에너지 구조를 저탄소 중심으로 전환하고 녹색산업의 혁신을 통해 기후탄력사회로 나아가고자 하는 목표를 제시했다. 그 내용을 살펴보면 과거 생태도시의 정책적 맥락을 여전히 유지하는 것을 알 수 있다. 제시된 내용에는 생태도시가 지향하던 인간 중심의 친환경성·순환성 강화 논리를 바탕으로 도시를 물순환형, 저탄소형, 생태 복원형, 인간 중심형으로 세분화해 스마

트 그린도시(미래형 친환경 도시)로 발전시킨다는 구상이 담겨 있다. 스마트 그린도시는 기존 도시의 기후·환경 진단을 통해 문제를 유형화하고 그것에 대한 해법을 환경·스마트 기술의 활용에서 찾는 구조를 갖는다. 국토교통부는 그린 리모델링 정책으로 기존 건축물의 에너지 성능향상을 구체화하고 있는 중이다. 또한 정부는 올해 10억 원을 들여 마스터플랜을 수립하고 2023년까지 지방자치단체를 대상으로 국고지원을 계획하고 있다. 아직 구체적 실체는 없지만 기후변화 대응력을 높이기 위한 생태적 해법을 중장기적으로 집약시켜 산업기반과 일자리를 만드는 목표를 제시한 것으로 보인다.

아직 그린 리모델링 로드맵이 완성되기 이전이지만, 그린 리모델링 정책은 녹색건축물 조성 지원법의 제정과 함께 시작된 만큼 정책적 노하우가 충분히 축적되어 있다. 현재 정부는 그린 리모델링 의무화 기준, 단계별 조치사항, 에너지 성능평가 체계 고도화 방안을 포함한 로드맵을 구상하고 있다. 이 로드맵에는 단독주택과 소규모 건축물을 대상으로 이자지원 사업을 확대하고, 노후 공공건축물을 대상으로 그린 리모델링 사업을 우선 추진하는 계획을 포함되어 있다. 이 계획은 취약계층 이용 공공건축물 그린 리모델링 사업으로 분류되어 어린이집, 보건소, 의료시설에 우선 적용될 예정이다.

그린뉴딜 이전까지 국토교통부는 신축건물을 중심으로 한 제로에너지 건축물 로드맵에 박차를 가하고 있었다. 이는 2020년 연면적 기준 1,000㎡ 이상 공공건축물의 제로에너지 건축 의무화를 시작으로 2025년에는 공공건축물 500㎡ 이상, 민간건축물 1,000㎡ 이상, 2030년은 500㎡ 이상의 신축건물이 에너지 자립률 20% 조건을 충족해야 한다. 대지 내에서 제로에너지 조건을 충족하지 못한 경우가 있을 수 있는데, 이를 보완하기 위해 대지 외 신재생에너지 생산·인정제도가 도입될 예정이다.

녹색건축포털 그린투게더 홈페이지(www.greentogether.go.kr)

한국형 그린뉴딜에 대한 바람

한국형 뉴딜 로드맵에 따라 수십조 원 규모의 재정이 투입될 예정이다. 국내 정책 집행 시스템의 효율성은 자랑할 만하다. 그러나 중앙정부에서 광역정부로, 기초자치단체로 넘어가는 과정마다 보이지 않는 장애물이 존재한다. 중앙정부가 신속한 정책 추진을 도모하지만 그것이 빠르게 전개되다 보니 지방정부의 역량 차이에 의한 불균형과 형평성 문제가 생긴다. 중소기업 중심의 민간시장도 정책의 시작점부터 어려움을 겪는다. 중앙정부 주도의 정책이 실제 민간에 도달하면 보기와 다른 경우가 종종 존재하며, 민간시장에서는 스스로 시장을 만들기보다 국가정부에서 국비가 내려오기만을 기다리는 일도 비일비재하게 일어나고 있다.

이번 그린뉴딜 사업은 코로나19로 인해 경색된 생활경제에 긴급수혈의 성격으로 계획됐으며, 친환경적 도시정책과 생태건축정책으로 패러다임을 전환하는 데 큰 기대를 걸고 있다. 그러나 도시와 건축이 정부 의존적인 성격에서 벗어나 스스로 자생력을 갖추기 위해서는 사회적 협업이 필요해 보인다. 코로나19가 안정 국면으로 접어들고 그린뉴딜 열풍이 지나간 뒤에는 생태·친환경적 도시와 건축이 일상이 되며, 환경보전을 생각하지 않고 화석연료를 구심점에 둔 개발은 점차 어려워지는 사회로 전환되어 있기를 희망해 본다.

생태·친환경적 도시와 건축이 일상이 되기를 희망한다. (ⓒ최은화)

1 화석연료 석탄·석유·천연가스 같은 지하매장 자원을 이용하는 연료로, 화석에너지라고도 한다. 산업혁명이 일어난 이후 석탄과 석유가 인류의 주요 에너지 자원으로 사용됐다. 하지만 매장량이 한정적이며, 환경오염의 원인물질이라는 문제점이 제기되며 근래에는 화석연료의 의존도를 줄여나가는 움직임이 벌어지고 있다.

2 도시재생 인구의 감소, 산업구조의 변화, 도시의 무분별한 확장, 주거환경의 노후화 등으로 쇠퇴하는 도시를 지역역량의 강화, 새로운 기능의 도입·창출 및 지역자원의 활용을 통하여 경제적·사회적·물리적·환경적으로 활성화하는 것을 말한다.

3 그린뉴딜 환경과 사람이 중심이 되는 지속가능한발전을 뜻하는 말로, 현재 화석에너지 중심의 에너지 정책을 신재생에너지로 전환하는 등 저탄소 경제구조로 전환하면서 고용과 투자를 늘리는 정책을 말한다.

거주자를 고려한 친환경 주거계획의 요소

글 **이민아** (군산대학교 교수)

이민아는 군산대학교 공간디자인융합기술학과 교수이며 전라북도 지방건설기술심의위원회, 전주시 공공디자인위원회, 주거복지위원회에서 위원으로 활동하고 있다. 2017년 한국주거학회 학술상을 수상했으며『주거환경학총론』(2010)을 저술했다.

친환경 주거를 평가하는 기준

국내의 친환경 건축물 인증은 2002년 친환경 관련 인증제도를 통합하면서 본격적으로 시작된 것으로 볼 수 있다. 처음에는 공동주택을 대상으로 인증을 부여하다가 대상 건물의 범위를 넓혀 갔고, 이후 2013년 「녹색건축물 조성 지원법」을 근거로 한 녹색건축물 인증제도(G-SEED)에까지 이르렀다. G-SEED는 현재 국내 친환경 건축물 계획에 인증을 부여하는 대표적 제도로 자리 잡고 있으며, "설계와 시공 유지, 관리 등 전 과정에 걸쳐 에너지 절약 및 환경오염 저감에 기여한" 건축물에 대한 친환경 인증을 부여하고 있다. 대상은 기존에 설립된 공동주택과 업무용 건축물 또는 신축 시 사용승인·사용검사를 받은 후 3년 이내의 모든 건축물로, 최우수 그린 1등급에서 일반 4등급까지 부여하고 있다. 신축 주거용 인증 기준의 배점 부여 항목에는 토지이용 및 교통, 에너지 및 환경오염, 재료 및 자원, 물순환 관리, 유지관리, 생태환경, 실내환경이 있으며, 이외에 주택 성능 분야와 가산 항목인 혁신적 설계 요소가 추가 항목으로 존재한다.

이렇듯 국내의 녹색건축물 인증은 나름대로의 합리적 평가 기준과 배점으로 건물들을 평가해오고 있으나, 일반인들이 각 요소에 대한 친환경적 의미와 요소 간의 연관성을 깊이 이해하기란 쉽지 않다. 하지만 우리는 친환경적 주거생활을 알아야 할 필요가 있다. 친환경 주거 계획은 일상생활 중 많은 시간을 보내는 주거 건물을 다루면서 개인과 가족의 신체적, 심리적 건강, 즉 총체적 삶의 질과 깊은 연관을 지니고 있다. 그렇기 때문에 거주자들은 친환경 주거계획의 요소와 그 의미, 지구환경에 끼치는 영향을 파악하고 친환경적인 생활을 실천해야 한다. 친환경 주거는 설계, 시공, 관리, 폐기에 이르는 과정에서 생태환경을 훼손하지 않고 친환경 자재를 사용하여 거주자의 신체적, 심리적, 사회적 건강과 항상성을 유지하는 주거로 정의될 수 있다. 이번 글에서는 주거계획 시 고려해야 하는 친환경 요소와 거주자 입장에서 선호하는 친환경 특성을 살펴보려 한다. 이를 통해 거주자를 고려한 친환경 주거계획

주거지 주변에 산과 강, 나무, 녹지와 같은 자연환경이 존재한다는 것은 대다수 거주자들이 선호하고 희망하는 조건이다. (ⓒ이민아)

의 기초 정보를 제공하고, 최근 이슈인 환경부하 저감과 에너지 절약 요소와 관련하여 거주자들이 실생활에서 이해하고 적용할 수 있는 방안을 이야기하고자 한다.

친환경 주거계획을 구성하는 요소

주거지 주변에 산과 강, 나무, 녹지와 같은 자연환경이 존재한다는 것은 대다수 거주자들이 선호하고 희망하는 조건이다. 우리나라의 좋은 주거지로 배산임수라는 말이 있듯이 집을 짓는다고 했을 때 주변의 아름다운 자연환경, 혹은 최소한 거주자가 관리할 수 있는 마당의 존재는 시각적, 심리적으로 즐거움과 안정을 제공한다. 마당과 단지의 자연녹화, 인공녹화, 옥상의 잔디와 텃밭, 정원, 벽면녹화, 단지 내 분수, 인공연못 등이 그러한 감정을 전해 주는 예시다. 그러나 자연과 함께하고 어우러져 사는 것만으로 친환경 주거생활을 하고 있다고 볼 수는 없다. 자연을 좋아하는 것과 자연에 순응하는 것은 별개의 문제이며, 결국 자연과의 공감이 가장 중요하기 때문이다. 수공간을 예로 들자면, 단지 내에 분수, 인공연못을 만들어 시원한 물이 뿜어져 나오거나 흐르는 것만이 친환경이 아니라 생물의 서식지 차원에서의 자연환경이 필요하다는 것이다. 즉 오래전부터 해당 부지에 터전을 잡고 살아가던 생물들이 주택이나 단지가 설립된 후에도 살아갈 수 있는 최소한의 자연생태계가 유지될 수 있는 비오톱(생태서식 공간)을 만든다는 의미다. 여기에는 경사지 주택이나 테라스 주택과 같이 기존의 지형과 택지를 활용하여 토양과 원래의 지형을 보존하는 것도 자연과 함께하는 집의 의미가 될 수 있다.

인체의 항상성을 위해 실내 주거환경에는 열, 공기, 빛, 음환경의 쾌적성도 반드시 갖춰져야 한다. 이것은 매슬로의 욕구단계 이론에서 가장 아래 단계에 있는 인간의 욕구로서, 그만큼 기본적으로 충족되어야 하는 것으로 볼 수 있다. 햇빛과 바람, 공기의 순환이 집 안에 함께 공존하도록 만들기 위해서는 채광창, 광덕트[1], 환기설비, 차양설비, 방음 및 소음저감 자재,

102

전망과 조망을 위한 창, 테라스 등이 필요하다. 그중 환기는 매일 2~3회, 10~30분에 걸쳐 해야 하며, 미세먼지 차단을 위해 늦은 밤이나 이른 아침의 환기를 피해야 한다. 그리고 채광을 위해 창의 면적을 많이 할애할 수 없는 주거 공간에서는 가로로 긴 고창보다는 세로로 긴 코너창이 빛의 질이 높다.

친환경 주거에서는 건축 재료도 매우 중요한 요소로 인식된다. 친환경 건축 재료는 실내에서 주로 생활하는 거주자의 건강 및 쾌적성에 중요한 영향을 미치는 요소로 실내환경 중 공기환경과 밀접한 관련이 있다. 집을 짓고 가구를 구매할 때 개인과 가족의 건강을 생각해서 나무나 돌 같은 자연 재료, 화산재 마감재, 옥수수 전분 벽지 같은 친환경 소재 마감재를 사용한다. 특히 새집증후군이나 아토피성 피부염 등은 건축 재료와 직간접적으로 연관이 있으며 그러한 질환을 유발하는 휘발성 유기화합물, 포름알데히드가 건축 재료에서 많이 발견된다. 포름알데히드는 1급 발암물질로 실내 공간의 가구, 벽 ·바닥 마감재, 페인트, 접착제 등에서 발견되는데, 국내 가구 재료의 많은 부분을 차지하는 PB, MDF, 합판 등에는 가공 시 다량의 접착제가 사용되어 포름알데히드가 검출될 수밖에 없다. 국내 친환경 자재 등급은 포름알데히드 방출량에 따라 구분되며, E0, E1, E2로 SEO로 갈수록 원목에 가까운 자재다. 국내에서는 E1 등급까지 실내용 자재로 생산하는 것이 허용되는데, E0 등급을 받은 제품도 친환경으로 표시되고 있어 친환경 제품이라 해도 포름알데히드가 방출되지 않는다고 100% 신뢰할 수는 없다. 포름알데히드는 오랜 시간에 걸쳐 서서히 방출되기 때문에 이 유해물질로부터 입는 피해를 줄이기 위해서는 베이크 아웃(bake out)이 필수적이다. 베이크 아웃은 입주 전 밀폐된 주택에 35℃~40℃로 5~8시간 동안 난방을 하고, 이후 3~5시간의 환기를 3~5회 반복하는 것을 말한다.

최근 친환경 주거와 관련된 연구가 급증하면서 환경부하 저감과 에너지 절약의 중요도가 높아지고 있다. 석유, 석탄, 천연가스와 같은 화석에너지는 당연히 지구상에 보유된 양이 유한

(왼쪽) 옥상의 잔디와 텃밭 등 마당의 존재는 시각적, 심리적으로 즐거움과 안정을 제공한다. (ⓒ이민아)
(가운데) 태양열주택은 집열기를 지붕에 설치하여 온수와 난방에 보조적으로 활용하고 태양광주택은 태양전지모듈을 설치하여 전기로 활용한다. (ⓒ이민아)
(오른쪽) 친환경 소재 마감재로는 나무나 돌 같은 자연 재료, 화산재 마감재, 옥수수 전분 벽지 등이 있다. (ⓒ이민아)

하고 사용 시 산성비나 호흡기 질환, 지구온난화와 같은 문제를 일으키기 때문에 사용을 최소화해야 한다. 화석에너지의 대안으로 이야기되는 신재생에너지에는 대표적으로 태양열, 태양광이 있다. 주택에서 두 에너지를 많이 사용하는데, 태양열주택은 집열기를 지붕에 설치하여 온수와 난방에 보조적으로 활용하고 태양광주택은 태양전지모듈을 설치하여 전기로 활용한다. 이러한 신재생에너지 활용은 환경오염을 최소화하면서 집을 건강하게 만드는 요소로 볼 수 있다. 에너지 절약 측면에서 대표적 주택인 패시브하우스는 일반 벽보다 2~3배 두껍고 3중 코팅 창을 사용하여 겨울에 집 내부의 열을 외부로 뺏기지 않도록 최대한 차단하는 것이 목적이다. 한편 옥상녹화나 지붕녹화는 녹지 공간 측면에서 생태환경 요소로 볼 수도 있겠으나, 냉난방의 효율을 높여준다는 측면에서 에너지 절약 요소로 볼 수도 있다. 이 밖에 염료 감응형 태양전지 창호, 대기전력 차단 콘센트, 지열 냉난방 시스템[2], 절수페달 등이 친환경 주거계획 시 고려될 수 있는 에너지 절약 설비다.

거주자의 선호도를 고려한 친환경 건축

일반적으로 친환경 건축에 대한 선호도를 조사할 때 거주자 특성, 그중 대표적으로 성별, 연령별 등을 중점적으로 다룬다. 먼저 친환경건축물 인증제도에 대한 인식은 연령별로 보았을 때 사회적 이슈에는 30대가 가장 민감하게 반응했고, 친환경 주거에 대한 인식은 주거유형별로 보았을 때 단독주택 거주자가 높다는 연구 결과가 있다. 또한 친환경 인증 주거단지 혹은 높은 수준의 친환경 주거의 거주자가 높은 생활 만족도를 보인다는 연구 결과도 다수 있다. 친환경 인증 공동주택 거주자의 만족도 관련 연구 결과 중 몇 가지를 좀 더 살펴보면 다음과 같다.

친환경 인증을 받은 공동주택의 거주자는 친환경 평가 점수의 높고 낮음에 상관없이 생태환경에 대한 만족도가 가장 높았다. 거주자 입장에서 봤을 때 비오톱 같은 생물의 서식처나 연

못, 정돈된 조경, 산책로처럼 시각적으로 직접 와닿는 자연환경 요소와 녹지 공간 비율 등에 더 많은 만족을 나타낸 것이다. 즉 실내보다는 실외의 친환경 요소가 주거의 전반적 만족도에 긍정적 영향을 미치고 있었다. 반면 최근 이슈화되고 있는 에너지자원 및 환경부하 요소는 친환경 평가 기준 대비 높은 점수에도 불구하고 낮은 만족도를 보였다. 이에 대해 전문가들은 친환경에 대한 일반인의 의식과 정보가 제한적이기 때문에 에너지 분야에서의 친환경 홍보와 교육, 정보제공이 필요할 것으로 보고 있다. 거주자 입장에서 심미적 아름다움을 주는 단지 내 녹지와 옥상정원이 지구환경 보호와 에너지 절약과 어떤 관련이 있는지를 설명하는 정보가 전달되어야 일상생활에서 에너지에 대한 관심이 높아진다는 것이다.

일반 거주자들의 친환경 요소 선호도를 조사한 연구 내용을 살펴보면 일조·통풍을 고려한 건물배치, 실내의 자연환기, 에너지 절약형 계획과 인체에 무해한 재료 등이 선호도와 중요도 측면에서 중요한 요소로 인식된다는 것을 알 수 있다. 이 요소들을 통해 거주자들은 단지 내 녹지와 같은 생태환경이 제공될 경우 만족을 표시하긴 하지만, 일상생활에서 많은 시간을 보내는 실내환경 요소에 대한 중요도 인식과 기대수준이 높다는 것을 짐작할 수 있다. 성별이나 연령별로 친환경 요소 선호도는 각 연구의 조사 방법(설문, 그림분석 등)에 따라 결과가 다양한데, 그 특징을 살펴보면 다음과 같다. 대학생을 대상으로 주거 내 친환경 요소에 대한 중요도와 선호도를 조사한 연구를 살펴보면 교통 소음 및 층간 소음 방지, 마당 및 단지 녹화, 조경, 채광에 대한 희망이 큰 것으로 나타난다. 지구환경 보전, 즉 에너지 절약이나 환경부하 저감 관련 내용은 태양광 설비, 패시브하우스 공법 정도로 소수 언급됐다. 상대적으로 남학생들이 신재생에너지와 환경오염 방지를 더 희망하는 경향이 있는 반면, 여학생들은 채광, 일조와 같은 실내환경과 생태적 가치에 대한 중요도를 강하게 표현했다. 일반적으로 40대 이후부터는 연령이 높아질수록 자연환기와 통풍, 자연채광, 에너지 절약을 중요하게 생각하는 경향이 나타났다. 특히 40대는 태양열의 적극적 이용과 재료 및 자원, 중수사용과

(왼쪽) 창의 면적을 조정해 채광과 순환의 정도를 조정할 수 있다. (ⓒ이민아)
(오른쪽) 염료 감응형 태양전지 창호, 대기전력 차단 콘센트, 지열 냉난방 시스템, 절수페달 등은 친환경 주거계획 시 고려될 수 있는 에너지를 절약하는 설비다. (ⓒ이민아)

같은 항목을 선호하고, 50대 이상은 친환경 주차, 생활 쓰레기 재활용, 재료 탄소배출량 정보표시, 인공녹화 항목을 선호했다. 노인들이 선호하는 친환경 요소에 대한 연구는 많이 없었으나, 대부분 은퇴 후 전원주택을 짓거나 노인 복지주택 입주, 실버타운 입주 등을 고려하여 신체적 건강과 심리적 안정감에 초점을 두고 있었다. 결과적으로 대학생들은 소음 저감, 대중교통, 편의시설과 같은 일상생활의 편의와 채광 및 녹지와 같은 생태환경, 실내환경 항목을 선호하는 반면, 40대 이상은 실제 주거생활을 영위하면서 체감하는 지구환경의 보전과 에너지 절약 분야의 친환경 요소를 선호하는 것으로 볼 수 있다. 노인들의 경우에는 신체적 항상성 유지를 위한 공기, 빛, 열, 음환경에 대한 항목의 중요도가 높았다.

친환경 주거 다변화의 필요성

이번 글을 통해 친환경 주거계획 요소를 전반적으로 이야기하면서, 기존 연구 결과를 근거로 거주자가 선호하는 친환경 특성을 살펴보았다. 앞으로 청년과 사회 초년생을 위한 공공 임대주택과 셰어하우스, 중장년층을 위한 중대형 아파트, 공동체 주거단지, 은퇴 노인을 위한 주택과 실버타운을 개발하는 데 있어서 연령별로 선호하는 친환경 계획 요소가 적용될 수 있으리라 생각된다. 다만 전문가들이 지적한 바와 같이 아직까지 거주자들이 친환경 주거에 관한 정보와 지식을 접근할 수 있는 범위가 다소 제한되어 있다. 향후 환경부하 저감과 에너지 절약을 위한 요소의 홍보와 친환경 주생활의 저변 확대를 위해서 유아부터 성인까지의 단계별 친환경 교육법 개발이 필요할 것으로 보인다.

신재생에너지 활용은 환경오염을 최소화하면서 집을 건강하게 만드는 요소로 볼 수 있다. (ⓒ이민아)

1 **광덕트** 외부의 태양광을 모아 고반사 처리된 덕트를 이용해 원하는 곳으로 전송해 실내를 밝히는 장치로, 집광부, 도광부, 산광부로
  구성된다. 집광부에서는 태양광을 모으고, 도광부에서는 원통 형태로 된 높은 반사율의 덕트로 태양광을 이동시키며, 산광부에서는
  빛을 피트린다.
2 **지열 냉난방 시스템** 물, 지하수, 지하의 열 등의 온도차를 변환시켜 에너지를 생산하는 시스템을 말한다.

한국 전통건축의 생태적 접근

글 손태진(한국교통대학교 교수)

어린 시절 여름날 외할머니 집의 대청마루에 누워 무심히 대들보
와 경사진 서까래를 올려다봤던 기억이 있습니다. 그곳에서 생각
에 잠겨있을 때면 시원한 바람이 불어와 무더위를 달래 주곤 했습
니다. 그때는 그 공간이 왜 시원했는지를 생각하기보다는 더운 여
름 속에 느낀 쾌적함에 행복했던 것 같습니다. 기계의 도움 없이
시원하게 여름을 날 수 있는 한옥은 경험에서 우러나온 옛 선조들
의 지혜가 중첩된 과학 지식의 보고가 아닐지 생각해 봅니다. 그저
존재하는 자체로 자연과 동화되어 인위적 에너지의 쓰임이 아닌,
우리의 생활에 맞게 자연에너지를 적절하게 활용한 건축물입니
다. 과학의 원리가 잘 보이지 않는 한옥은 역설적이게도 자연에너
지를 가장 효율적으로 적용한 건축물 중 하나라고 할 수 있습니다.
대청이 시원한 이유는 공간 자체의 물리적인 것보다는 계절별로
불어오는 바람에 있다고 볼 수 있는데, 특히 바람을 고려한 건물 배
치가 그 시원함을 만드는 데 중요한 역할을 합니다. 우리나라는 겨
울에 북서풍이 불어오는데 주산에서 뻗어 나온 산자락이 먼저 바

손태진은 한국교통대학교 건축학부 건축학전공 교수이며, 현재 문화재청 문화재전문위원, 대한 건축학회 충북지회장, 충청북도 미술대전 초대작가 등으로 활동 중이다. 저서로는『건축형태구성』(2006) 등이 있다.

람을 막아주고, ㅁ자형 배치의 가옥이 공간을 에워싸면서 이차적으로 바람을 막습니다. 풍수지리적으로 건물을 세우는 자리인 좌향을 고려한 것은 자연에너지를 최대한 활용하기 위한 것입니다. 보조적으로 바람을 막기 위해 뒷마당에 나무를 심는데, 대나무가 바람을 막는 효과가 좋아 많이 사용됩니다. 겨울에는 바람을 막았다면 여름에는 바람길을 만들어야 합니다. 바람이 지나가는 길을 만들기 위해서는 마당이 반드시 필요합니다. 한옥의 뒷마당에는 일반적으로 산이 있어 그늘이 생기는데, 이와 달리 앞마당에는 온전히 빛을 받기 위해 나무가 없습니다. 앞마당이 빛을 받으면 뜨거워진 공기는 위로 올라가게 되고 주변의 차가운 기운을 빨아들이게 되면서 바람이 발생합니다. 그리고 이 시원한 바람이 뒷마당과 대청 우물마루 하부에 흐르게 되고, 대청 후면의 작은 판문이나 우물마루의 작은 틈을 통과하면서 바람의 속도가 빨라집니다. 여기에 여름날 대청에서의 추억에 숨겨진 과학이 있는 것입니다.

대청이 시원한 바람을 만든다면, 지붕은 그것의 온도를 유지하는 환경을 만듭니다. 지붕에 흙을 덮고 기와를 얹음으로써 단열층이 형성되는데, 그 단열층이 뜨거운 기운이 안으로 유입되는 것을 막아줍니다. 처마는 안팎 사이의 완충 공간을 만들어 건물 내부에 직사광선이 닿지 않도록 하는데, 이를 통해 구조체가 뜨거워지는 것을 방지하고 처마 밑 공간을 으스름한 공간으로 만듭니다. 겨울철 난방은 대청 후면의 판문을 달아 바람을 막고 태양의 고도가 낮은 빛을 깊숙이 들이는 방식으로 해결합니다. 방에 설치한 온돌도 난방의 역할을 담당합니다. 온돌은 불을 이용한 난방 방식으로 대류, 전도, 복사 등의 열에너지를 효율적으로 이용한 집대성이라 하여도 부족함이 없습니다.

우리 건축은 기후와 환경에 적절히 적응하는 생태적 특성을 지니고 있습니다. 그리고 그것을 크게 자연친화적 소재의 이용, 통풍과 환기의 조절, 난방과 채광의 조절로 구분할 수 있습니다. 한옥은 목조를 기본으로 흙, 기와, 짚, 창호지 등 자연의 재료를 사용하여 자연의 성격을 그대로 활용하고자 합니다. 전통건축에 사용되는 재료의 대부분은 마치 숨을 쉬듯 더울 때는 습기를 내뿜고 습기가 많을 때는 습기를 빨아들여 쾌적한 공간을 생태적으로 유지하도록 조절하고 있습니다. 이는 여름에는 천연 에어컨이 되고 겨울에는 볕을 저장해서 발산하는 역할을 합니다.

한옥의 실내에 설치된 문은 살문의 형태를 하고 있는데, 환기를 통해 실내 대기환경은 물론 사람들 간의 소통과 차단 정도를 조절합니다. 외부로 열리는 문은 덧문 또는 판문으로 되어 있으며 필요에 따라 문의 관류적 특성을 이용해 환기와 통풍, 방풍을 하고 있습니다. 주생활이 이루어지는 온돌방에는 단열을 위해 덧문이 설치되고, 채광이 잘 이뤄져야 하는 공간에는 살문이 설치됩니다. 부엌이나 광처럼 빛을 막는 차광이 필요한 곳에는 판장문과 골판문이 이용되며 대청과 마룻방처럼 환기, 통풍, 방풍 등을 고려해야 하는 공간에는 홑문과 판문이 설치됩니다. 창호에는 환경 조절을 위한 쓰임새만이 아니라 자연경관을 취하는 용도도 있습니다. 이러한 시각적 확장과 정서적 접근에는 다양한 원리가 적용되고 있는데,

경관 속으로 직접 들어가서 노니는 유경과 풍경을 생활공간 속으로 끌어들이는 취경이 있습니다. 취경은 경관을 집 안으로 끌어들이는 차경, 자연과 비슷한 경관을 만드는 사경, 개인적 선호나 의미 부여에 따라 경관의 일부 요소만 도입하는 선경, 경관을 축소한 축경, 풍경이 지닌 의미를 추상화하거나 상징화한 의경 등으로 구분됩니다.

대청이나 방에서 느껴지듯 전통건축이 주는 시원함과 따뜻함은 한옥의 총체적인 특성이 낳은 소중한 보물과 같습니다. 지금까지 살펴본 바와 같이 한옥은 수천 년 동안 자연에 대응하면서 에너지를 적게 사용하고 있습니다. 이것은 점차 아열대에 가까운 기후로 변화하는 지금과 같은 시기에 에너지 소비, 쾌적성 유지 측면에서 현대적 대응으로 볼 수 있을 것입니다. 또한 코로나바이러스감염증-19 발병 이후의 도시환경이 주는 답답함에서 벗어나고자 하는 수요가 높은데, 우리의 전통건축에는 공간의 확장과 방에서 마당 그리고 땅과 하늘로 이어지는 흐름과 순환을 만드는 방법이 내재해 있습니다.

111

생태+건축 프로젝트

PART4

생태+건축 프로젝트

판교 운중동 패시브하우스 한국 성남

앨리하우스 한국 서울

노원 에너지제로 주택 한국 서울

세종 가락마을 로렌하우스 한국 세종

스카이 그린 타이완 타이충

루멘 네덜란드 바헤닝언

아모레퍼시픽 사옥 옥상조경 한국 서울

아크로스 후쿠오카 일본 후쿠오카

SK케미칼 에코랩 한국 성남

이대서울병원 한국 서울

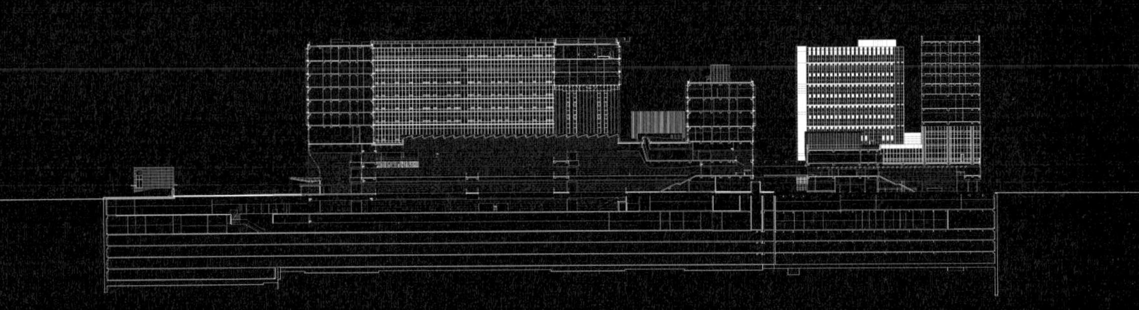

판교 운중동 패시브하우스

판교 운중동 패시브하우스는 누수, 곰팡이, 웃풍 등의 문제를 지닌 주거환경에서 오랫동안 살아온 건축
주를 위해 지어진 단독주택이다. 이에 건축가는 단열 성능과 복사냉방 시스템을 고려한 패시브하우스를
설계했다.

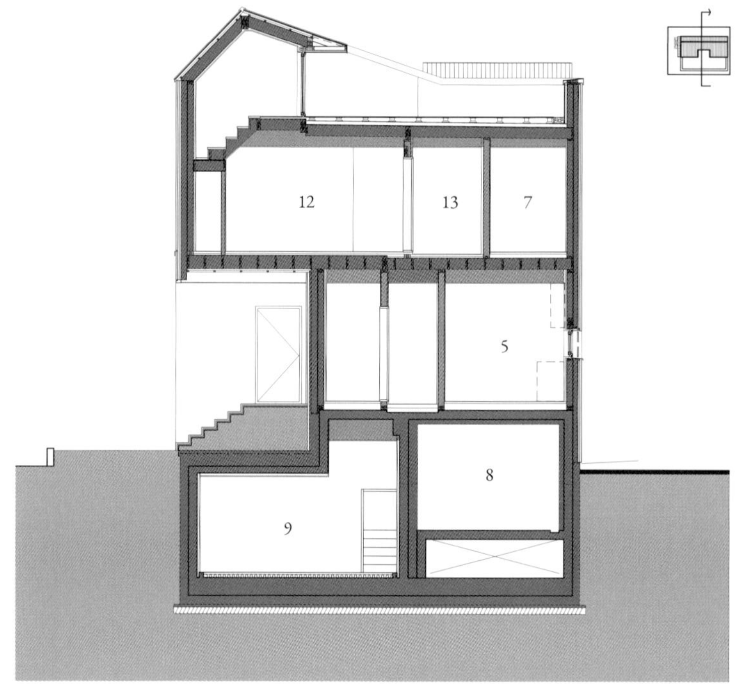

단면도

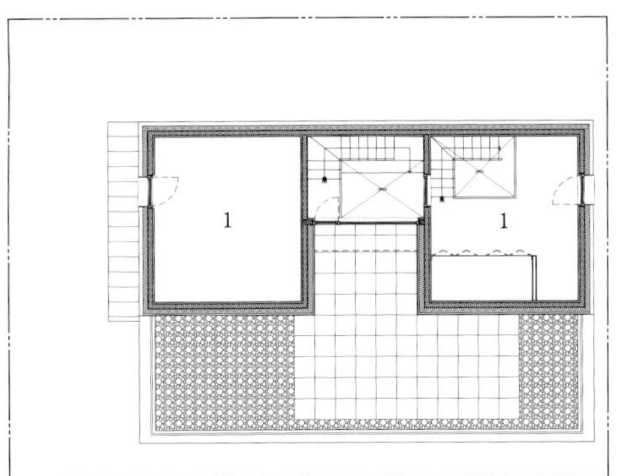

다락층 평면도

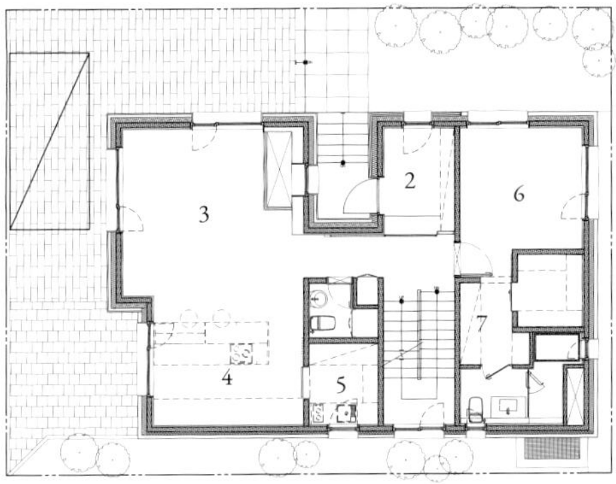

1층 평면도

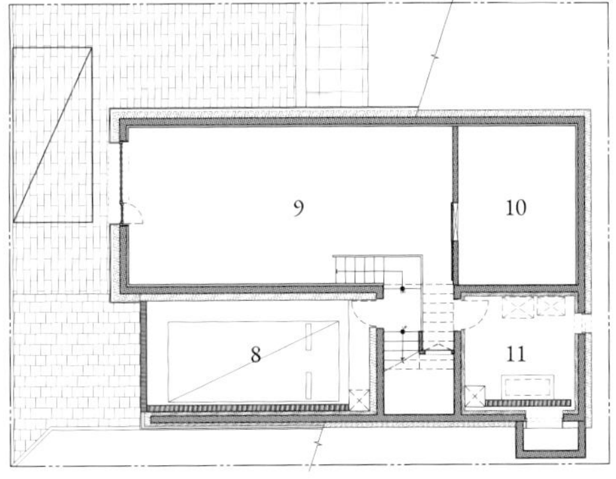

지하 1층 평면도

1. 다락
2. 현관
3. 거실
4. 주방
5. 다용도실
6. 안방
7. 드레스룸
8. 주차장
9. 취미실
10. A/V룸
11. 기계실
12. 가족실
13. 세탁실

판교 운중동 패시브하우스는 판교 택지지구의 지구단위 계획지침과 패시브하우스의 요건을 고려하여 디자인됐다. 판교의 많은 주택들은, 담을 설치하지 못하도록 규제하는 지구단위 계획지침을 이용해 도로에 면하는 쪽에 벽을 설치하고 건물 내부를 향해 중정을 둔다. 하지만 이러한 평면은 패시브하우스 설계 시 거의 필수적으로 적용하는 남측 창을 넓게 설치할 수 없고, 외부와 맞닿는 표면적이 증가하면서 단열 문제를 해결해야 한다는 단점이 있다. 판교 운중동 패시브하우스의 건축주는 다행히 바깥으로 열린 공간을 선호했고, 우리는 외부로부터 채광을 많이 받는 평면을 설계할 수 있었다. 쾌적한 실내환경을 구현하기 위해 고단열·고기밀·고성능 창호, 외부 전동 블라인드, 열교환 환기장치 등 높은 성능의 건축자재와 설비를 설치했으며, 일반 단독주택에서 상용화하지 않는 시스템도 추가적으로 적용했다. 흔히 온돌이라고 불리는 복사난방 방식에 복사냉방 방식을 더해 주거 공간이 사계절 내내 쾌적한 환경이 되도록 만든 것이다. 많은 사람들이 여름철에 에어컨에서 불어나오는 바람을 직접 쐴 때 불쾌한 기분을 느끼고 한 공간 안에서 온도의 불균형을 경험한다. 우리는 건축주가 그러한 경험을 이 주택에서 하지 않기를 바랐다. 그래서 바닥에 설치된 복사냉방 시스템이 냉방부하의 70%를 담당하고 나머지 냉방부하의 30%는 열교환 환기장치에 설치된 냉방코일에서 맡도록 설계했다. 또한 헤파필터가 적용된 열교환 환기장치가 24시간 가동되어 미세먼지 유입을 차단하는 역할을 하는데, 이를 통해 건축주가 어느 공간에서나 높은 수준의 쾌적감을 느낄 수 있게 됐다. 물론 이 패시브하우스에 적용된 시스템이 만족도 높은 주거환경을 구축하는 데 좋은 영향을 줄 것이라고 생각한다. 하지만 한국의 단독주택에 상용화되어 있지 않다 보니 이 시스템을 안정화하는 시간이 좀 더 필요할 것으로 예상한다. 글 **최정만**

설계 (주)자림이앤씨건축사사무소 **위치** 경기도 성남시 분당구 운중동 **용도** 단독주택 **대지면적** 231.6m² **건축면적** 112.77m² **연면적** 296.62m² **규모** 지하 1층, 지상 2층 **높이** 10.93m **주차** 2대 **건폐율** 48.69% **용적률** 79.38% **구조** 철근콘크리트조, 경량목구조 **외부마감** 이페목, 벽돌타일 **내부마감** 원목마루, 친환경페인트 **설계기간** 2017. 3. ~ 2017. 10. **시공기간** 2017. 11. ~ 2018. 5. **건축주** 백은찬, 최인경 **사진** 정태호 (Space Studio)

최정만은 엄앤드이종합건축사사무소에서 실무 경력을 쌓았으며 현재 자림이앤씨건축사사무소를 운영하고 있다. 그는 건강한 건축물을 모토로 친환경 건축물, 패시브하우스, 제로에너지 건축물을 설계하고 있다. 또한 한국패시브건축협회 회장, 소규모 건축물의 소비에너지 최적화를 위한 설계·시공 기술개발 연구사업단 단장, 녹색건축 인증제도 운영위원, 서울시 녹색건축 정책자문위원 등으로 활동하고 있다.

화학적 처리를 거치지 않은 이페목을 사용하여 외장 수직루버를 만들었다.

고단열·고기밀·고성능 창호, 외부전동블라인드를 사용해 단열 문제를 해결하고 쾌적한 실내환경을 구현한다.

앨리하우스

서울시 서초구 반포동의 다가구주택 '작은 공원'은 도시의 골목에서 발견되는 자생적 녹화에 주목한 프로젝트이다. 건물 외관에는 식물이 자랄 수 있는 '리빙 브릭'이 적용됐고, 계단실에는 식생이 형성될 수 있는 공간을 확보했다.

T.010 8243.1063
건물유지보수
종합인테리어
도배월드
지하
584·8787
넬 노리터 PC
GAME방
Badugi
맞고
Poker
샤넬 노리터
샤넬 노리터
강남대로85길
Gangnam-daero 85-gil

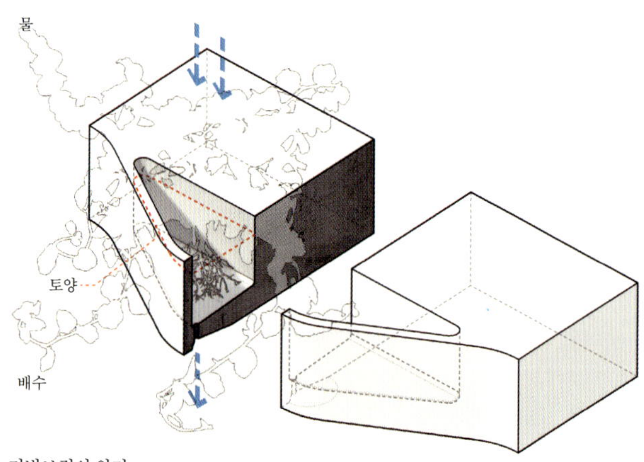

리빙브릭의 원리

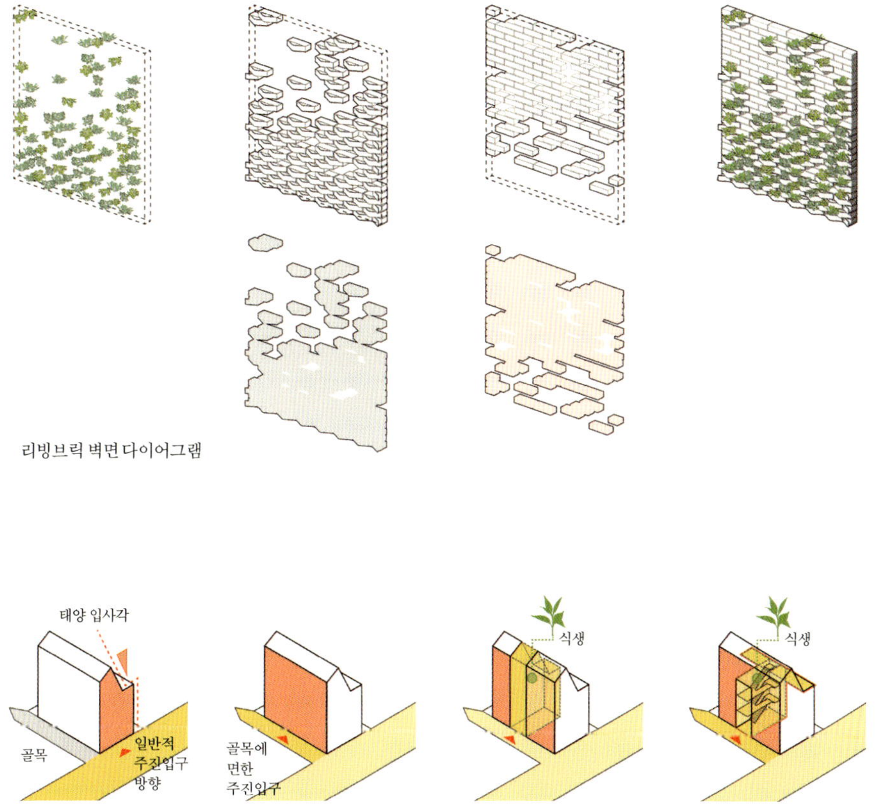

리빙브릭 벽면 다이어그램
태양 입사각
골목
일반적
주진입구
방향
골목에
면한
주진입구
식생
식생
매스 다이어그램

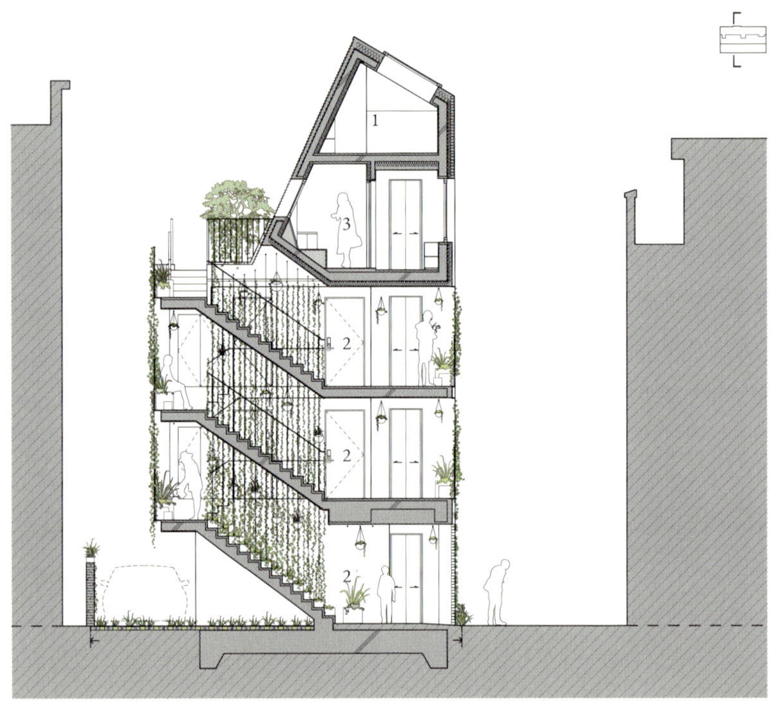

단면도

입면도

1. 다락
2. 골목·공용공간
3. 최상층 세대

서울의 급속한 도시화 과정에서 자연은 종종 우선순위에서 밀려났다. 특히 다양한 욕망이 한데 뒤섞이며 개발된 근린생활시설 밀집지역은 서울에서도 자연 소외현상이 가장 극심하게 나타나는 곳 중 하나다. 하지만 동네를 거닐다 보면, 건물과 건물, 길과 건물의 사이에서 자라나는 식물들을 발견할 수 있다. 이 같은 자연발생적인 식생과 주민들이 일상에서 조성한 화분들, 그리고 자연에 대한 욕망이 만들어낸 조경들이 그 나름의 질서를 가지며 척박한 도시환경에서 공존하고 있다. 건축가나 공공이 관여하지 않은 이러한 식물들은 도심 속 식생환경으로 재인식될 가능성을 지니고 있다.

앨리하우스는 이 같은 자생적 녹화에서 건축적 가능성을 발견하고 발전시킨 프로젝트이다. 먼저, 골목에서부터 이어지는 계단을 통해 원룸 유닛들 사이에 수직적으로 연결된 새로운 틈을 제시했다. 계단참과 계단 사이를 조정해 작지만 식생이 자랄 수 있는 공간을 확보하고 사람들이 앉을 수 있는 휴식의 영역도 제공했다. 개발 논리로 인해 발코니조차 갖지 못하는 이곳의 거주자들에게 골목길에서부터 이어지는 계단실은 수직적으로 거주자들을 연결해 주는 야외의 작은 공원이 된다.

건축물 저층부의 보행자 레벨의 입면에도 식생 공간이 형성되어 있다. 이 건축물의 입면에 적용된 '리빙 브릭(Living Brick)'은 벽돌과 모양과 크기가 유사하지만, 식물을 심을 수 있도록 한쪽 측면이 돌출돼 있다. 제한된 깊이이지만 식물이 자라날 틈을 마련한 것이다. 리빙 브릭이 설치된 지상부에서 주 진입 골목을 면한 남측 입면은 보행자 진입을 유도하는 사선 벽을 형성하는데, 이 틈에서 자라는 식생들은 거주자들이 가꾸는 사유 영역의 조경 역할을 하면서, 동시에 길을 지나는 사람들에게는 공공 영역에서 경험할 수 있는 조경으로 환원된다. 글 **남정민**

설계 남정민 **위치** 서울시 서초구 반포동 **용도** 다가구 및 근린생활시설 **대지면적** 135.9m² **건축면적** 81.22m² **연면적** 260.01m² **규모** 지상 4층 **높이** 14.06m **주차** 4대 **건폐율** 59.76% **용적률** 191.32% **구조** 철근콘크리트조 **외부마감** 벽돌, GFRC 블록 **내부마감** 나무, 석고보드 위 도배, 타일 **설계기간** 2016. 7. ~ 2017. 1. **시공기간** 2016. 10. ~ 2017. 8. **건축주** 정규태 **사진** 신경섭

남정민은 고려대학교 교수로, OA-Lab건축연구소를 통해 활동하고 있다. 건축 디자인 연구와 실현 간의 상호 연계를 통해서, 디자인이 일상 속에서 삶의 경험을 담고, 물리-사회적 환경과 함께 작동하는 것을 추구하고 있다. 연세대학교 건축공학과 졸업 후 하버드 디자인 대학원에서 건축설계 석사 학위를 받았다. 이후 KVA, OMA, 사프디 아키텍츠 등에서 인턴과 실무 경험을 쌓았다. 하버드 디자인 대학원에서 졸업논문상 파이널리스트, 2009 AIA미국건축가협회 MA주챕터 주택공모전 대상, 2015 AIA미국건축가협회 국제챕터 건축 부문 대상, 2018 젊은건축가상 등을 수상했다.

계단참과 계단 사이에 식생이 자랄 수 있는 공간과 사람들의 휴식 공간이 있다. 틈새에서 생겨나는 식생들은 거주자들이 가꾸는 사유 영역의 조경으로 역할을 하면서, 동시에 길을 지나는 사람들에게는 공공 영역에서 경험할 수 있는 조경으로 환원된다.

리빙브릭이 설치된 지상부에서 주진입 골목을 면한 남측입면은 보행자진입을 유도하는 사선벽을 형성하며 식생이 자라날 수 있는 입면의 깊이와 틈새를 제공한다.

노원 에너지제로 주택

노원 에너지제로 주택은 국내 최초의 넷 제로에너지 주택단지로 서울시, 노원구, 명지대학교 컨소시엄이 국토교통부 발주의 연구개발 사업에 당선되면서 설계됐다. 이 주거단지에는 독일의 패시브하우스 기술이 국내 주거환경에 맞게 적용됐다.

단지 배치도

1. 아파트형 공동주택(총 106세대, 지상 7층, 39~59m²)
2. 연립주택형 공동주택(총 9세대, 지상 3층, 49m²)
3. 합벽주택형 공동주택(총 4세대, 지상 2층, 59m²)
4. 단독주택형 공동주택(총 2세대, 지상 2층, 59m²)

0   1.5   3m

노원 에너지제로 주택은 아파트형 공동주택 3개동(106세대), 연립주택형 공동주택 1개동(9세대), 합벽주택형 공동주택 2개동(4세대), 단독주택형 공동주택 1가구(2세대)로 총 121세대로 구성된다. 주변에는 지역주민을 위한 커뮤니티 센터와 어르신들을 위한 경로당, 근린생활시설 등이 있어 하나의 작은 마을을 이루고 있다.

노원 에너지제로 주택은 '넷 제로 1차에너지'를 중요한 개념으로 설정하고 있는데, 이 개념은 121세대가 살면서 필요한 5대 1차에너지(20℃의 난방, 26℃의 냉방, 급탕, 환기, 조명)를 단지 내에서 신재생에너지를 생산·공급하는 것을 기본으로 한다. 또한 날씨와 시간대에 따라 단지 내에서 생산되는 에너지가 부족할 경우에는 외부 에너지 공급망으로부터 빌리고, 반대로 단지 내 생산량이 많을 때에는 다시 되돌려 줌으로써 1차에너지의 소비량과 공급량의 합이 1년 동안 0(zero)이 되는 것을 목표로 한다. 우리는 이를 실현하기 위해 노원 에너지제로 주택에는 패시브 설계기술, 고효율 설비와 신재생에너지(지열 및 태양광 발전설비)를 포함한 액티브 설계기술을 적용했다.

노원 에너지제로 주택은 국내 최초로 설계 단계부터 에너지 절약과 효율 그리고 온실가스 감축에 초점을 맞춰 설계한 주택단지이기에, 완공 이후 2년이 훨씬 지난 지금에도 전 국민의 관심을 받고 있다. 건축에서의 에너지 효율을 중시하는 독일의 패시브 하우스 기술을 적용하되, 한국의 기후 및 주거 환경과 생활습관을 반영한 한국형 제로에너지 주택기술과 98.3%의 국내 자재를 접목했기에 그 의미가 크다고 할 수 있다. 2018년 1월부터 2020년 2월까지 이 주거시설에 에너지 모니터링을 실시했는데 그 결과 2009년 주택법을 기준으로 설계한 공동주택 대비 패시브 설계 요소 기술과 설계만으로 60.8%를, 고효율 설비기술로 15.4%를 절감했다.   글 **이명주**

설계 (주)제드건축사사무소 **위치** 서울시 노원구 하계동 **용도** 공동주택, 근린생활시설, 문화 및 집회시설 **대지면적** 11,344.8m² **건축면적** 3,301.63m² **연면적** 17,652.27m² **규모** 지하 2층, 지상 7층 **높이** 25.3m **주차** 128대 **건폐율** 29.1% **용적률** 98.42% **구조** 철근콘크리트조 **외부마감** 외단열마감공법(EIFS), 화산석타일, 3중유리 시스템창호, 외부전동블라인드 **내부마감** 강화마루, 친환경벽지, 자기질타일 등 **설계기간** 2013. 12. ~ 2015. 6. **시공기간** 2015. 10. ~ 2017. 9. **건축주** 노원구청, 국토교통과학기술진흥원 **사진** (주)제드건축사사무소, 이웅신

이명주는 명지대학교 교수이자 명지대학교 산학협력단 산하 IT&제로에너지건축센터 센터장이다. 제드건축사사무소를 설립한 그는 부설 제로에너지건축도시기술연구소 소장을 맡고 있으며, 신기후체제를 대비하여 제로에너지 신축건축물과 기존 건축물 그린리모델링 등을 기획, 계획, 설계하는 작업을 하고 있다.

Nowon EZ Center

아파트형·연립주택형·합벽주택형·단독주택형 공동주택으로 구성된다.

넷 제로 1차 에너지를 실현하기 위해 패시브 설계기술, 고효율 설비, 신재생에너지 등 액티브 설계기술이 적용됐다.

103

세종 가락마을 로렌하우스

세종 가락마을 로렌하우스는 국토교통부가 시행한 공공지원 민간임대주택의 시범사업으로 지어졌다.
이곳에는 다양한 건물의 성능을 높이고 에너지 사용량을 줄일 수 있는 여러 가지 기술이 적용됐다.

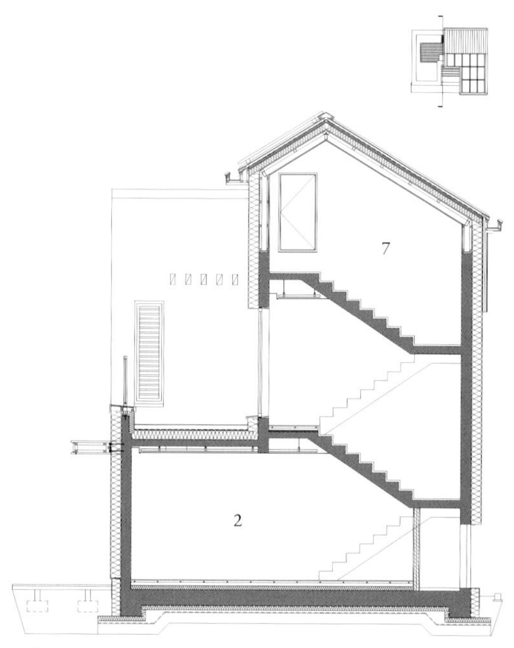

단면도(84m²)

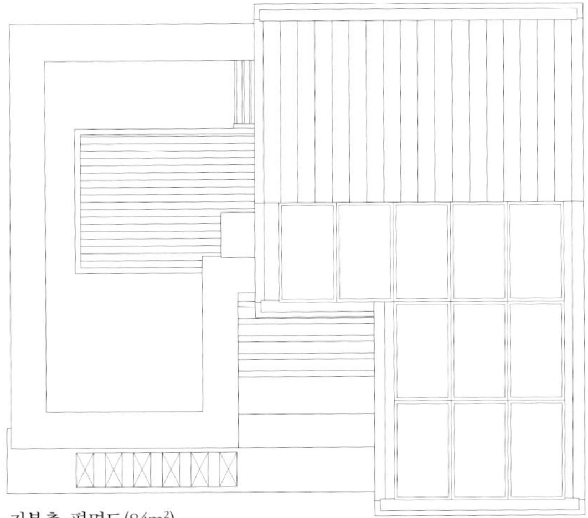

지붕층 평면도(84m²)

1층 평면도(84m²)

1. 현관
2. 주방
3. 거실
4. 가족실
5. 보일러실
6. 화장실
7. 다락

0　　1.5　　3m

161

세종 가락마을 로렌하우스는 사업 초기부터 합리적 비용으로 국내 기후와 주거 형식에 맞는 한국형 저에너지 주택단지를 형성한다는 목표가 있었다. 또한 쾌적한 전원생활을 추구하는 사람들을 예상 주민으로 설정했다.

일반적으로 단독주택은 겨울철과 여름철의 냉난방비 부담이 큰데, 이곳은 합리적 비용으로 고성능 건축기술의 효과를 누릴 수 있는 저에너지 주택단지로 설계됐다. 이곳에는 고성능 외벽단열, 열교 차단, 고성능 3중 창호, 고기밀 시공, 열회수 환기장치를 적용한 패시브 요소와 태양광 패널을 활용한 액티브 요소가 모두 적용됐다.

세종 가락마을 로렌하우스에는 일반 아파트의 내단열 공법과 달리 바닥, 지붕 등 주택 외벽 전체를 끊김 없이 감싸는 외단열 공법과 열교 차단 공법이 적용됐다. 이는 외벽과 내벽 단열재 사이에서 발생하는 온도 차로 인한 결로현상을 방지하여 주거 공간의 쾌적성을 극대화하기 위한 조치다. 또한 이곳에 설치된 열회수 환기장치는 환기를 통해 발생하는 열손실을 최소화하면서 지속적으로 쾌적한 공기를 공급하는 시스템으로, 미세먼지를 필터를 통해 걸러 주어 쾌적한 실내 공기환경을 유지할 수 있게 해준다. 이와 같은 에너지 절감 요소들을 통해 전기사용료, 냉난방비 등이 일반 아파트보다 상당히 낮은 편이다.

설계 단계에서는 파라펫, 발코니, 캐노피 등 외부로 돌출되는 구조물로 인한 열교를 어떻게 해결하는지가 가장 중요한 문제였다. 당시 열교 차단을 위한 제품이 많았으나 이를 사용하게 되면 시공 비용이 늘어나 '낮은 비용의 저에너지 주택'이라는 프로젝트의 취지를 저해하게 되는 상황이었다. 그래서 우리는 구조체를 완전히 감싸거나 완전 분리하는 방식으로 시공되도록 설계하여 시공 비용에서 열교를 차단하는 데 드는 비용을 줄였다. 글 **신규진**

설계 (주)포스코에이앤씨 건축사사무소 **위치** 세종시 고운동 **용도** 단독주택, 공동주택 **대지면적** 26,003m² **건축면적** 4,083.22m² **연면적** 5,305.53m² **규모** 총 60세대 **높이** 11m **주차** 72대 **건폐율** 22.41% **용적률** 29.12% **구조** 철근콘크리트조 **외부마감** 스타코, 타일, 고내식성 도금강판 **내부마감** 강마루, 포셀린타일, 합지벽지 **설계기간** 2016. 11. ~ 2017. 10. **시공기간** 2017. 11. ~ 2019. 1. **건축주** (주)패시브하우스 순환형임대주택 위탁관리 부동산투자회사 **사진** 포스코에이앤씨 건축사사무소

신규진은 홍익대학교를 졸업했으며 현재 포스코에이앤씨 건축사사무소의 디자인2그룹장을 역임하고 있다. 그는 목동오피스텔, 월곡 2구역 도시환경 정비사업, LH제로에너지 단독주택 리츠 1호사업, LH제로에너지 단독주택 리츠 2호사업, 신내 컴팩트시티 북부간선도로 입체화 사업 국제설계공모 등에 참여했다.

107-2

13

주택은 남향 배치로 일사를 효율적으로 이용하며 외단열 공법, 열교 차단 공법, 열회수 환기장치 등으로 실내 환경이 쾌적하게 유지된다.

스카이 그린

타이중의 스카이 그린은 도심 속 고층 건물에서도 이용자들이 자연을 누릴 수 있게 한다. 식물을 식재하는 다양한 디자인 요소를 적용해 '녹색 마천루'의 가능성을 선보였다.

租 0982-234508
興富發建設
文心愛悅
HOLA 和樂家居
Carrefour 家樂福

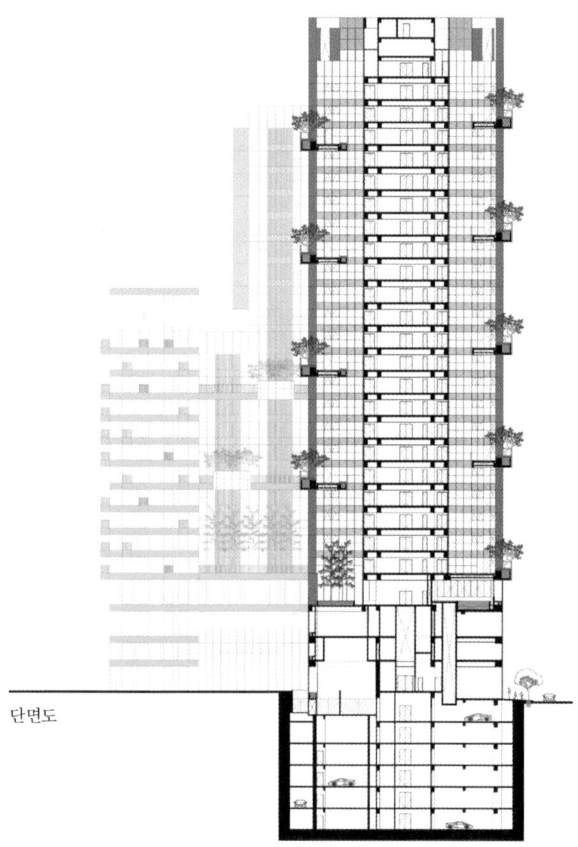

단면도

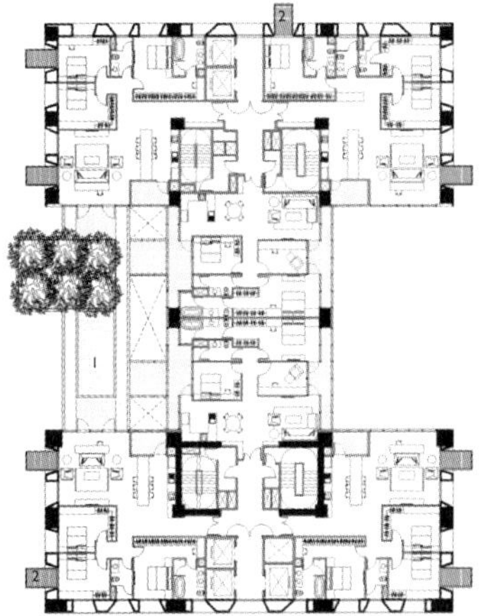

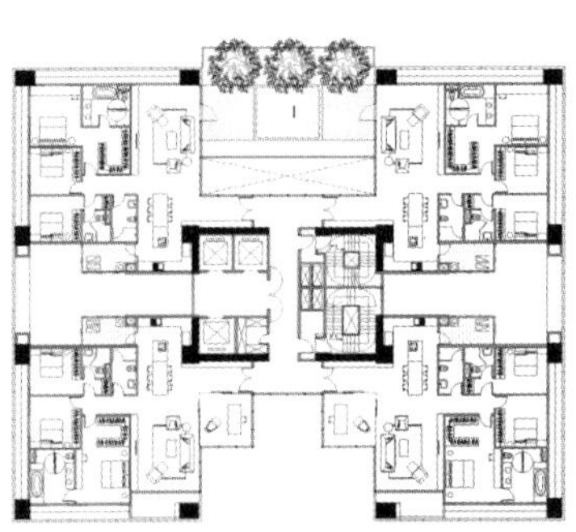

기준층 평면도

1. 스카이 가든
2. 외부 발코니

스카이 그린은 타이완 타이충 시 중심부에 위치하는, 고밀도 도심지역의 용도 복합 개발 프로젝트이다. 프로그램은 지상층에서 3층까지 상업 공간, 4층부터는 주거 공간(아파트)으로 26층 규모의 두 주거용 타워로 구성돼 있다.

복잡한 도로 풍경에서 벗어나면, 집으로 돌아오는 입주민들을 조경이 갖춰진 평온한 중정 공간이 맞이한다. 상업 공간 상부에는 앞서 언급한 주거 타워 두 동과 실내외 활동을 소화할 수 있는 넓은 여가 공간이 마련되어 있다. 주거 타워의 창문들은 차양 효과를 낼 수 있도록 안쪽으로 후퇴시킨 반면, 발코니는 돌출시킨 뒤 끝부분에 나무를 심었다. 또한 덩굴식물이 자랄 수 있도록 격자형 메시를 주거 타워의 입면에 부착시켰다. 이처럼 조경은 스카이 그린에서 건물의 외피를 형성하는 주요 요소로 활용됐다. 입면의 요소들은 깊은 차양을 만들고 녹지 공간들을 실내와 외부 사이에서 활발하고 활동적인 인터페이스로 작동하게끔 한다.

블록에서 다섯 개 층마다 삽입된 대형 스카이 테라스는 거주자의 생활공간을 실내에서 실외로 확장시키며 고층 건물에서도 환경친화적 공간을 가능하게 한다. 각 세대는 창문 바깥의 녹지 공간과 시각적으로 연결돼 있다. 여러 개의 개방적이면서도 가려진 하늘 정원, 테라스, 발코니 및 조경식물은 숨 쉴 수 있는 파사드를 만들고 매력적인 시각장치를 형성했다.

이처럼 스카이 그린에 적용된 디자인들은 타이충 시에서는 새로운 것이었지만, 이는 WOHA가 지난 25년 동안 발전시켜 온 것으로 다양한 프로토타입이 싱가포르와 여러 지역에서 성공적으로 건설됐다. 레크리에이션 시설과 풍성한 녹지 공간을 갖춘 수준 높은 편의시설을 제공하는 스카이 그린은 향후 도시 내 개발에서 지속가능성과 녹색 마천루의 새로운 기준으로 기능하게 될 것이다. 글 문 섭 웡, 리처드 하셀

설계 WOHA **위치** 타이완 타이충시 공이 로드(Gongyi Road, Taichung, Taiwan) **용도** 주거시설, 상업시설 **연면적** 6,1026.88m² **규모** 지하 6층, 지상 26층 **높이** 104.4m **주차** 459대 **시공기간** 2015. 4. ~ 2019. 11. **건축주** Golden Jade Construction & Development Corp **사진가** Kuomin lee & team

문 섭 웡(Mun Summ Wong)은 싱가포르 대학교를 졸업하고 WOHA를 공동 창립했다. 그는 모교의 디자인환경대학 건축학과의 교수이자 리콴유월드시티프라이즈의 위원회에 소속되어 있다. **리처드 하셀**(Richard Hassell)은 웨스턴 오스트레일리아 대학교를 졸업하고 멜버른 RMIT 대학교에서 석사 학위를 받았으며 WOHA를 공동 창립했다. 그는 시드니 공과대학교, 웨스턴 오스트레일리아 대학교에서 교수를 역임했다.

다섯 개 층마다 대형 스카이 테라스가 위치하고, 타워의 입면에 부착된 격자형 메시에는 덩굴식물이 자란다.

조경을 외피의 주요 요소로 활용함으로써 깊은 차양을 만들고 실내 생활 공간을 외부로 확장시키는 효과가 있다.

각 세대는 창문 바깥의 녹지 공간과 시각적으로 연결돼 있다.

루멘

네덜란드 와게닝엔 대학교의 루멘은 주변 환경을 받아들이는 건축물이다. 알파벳 E 모양으로 배치된 건물의 동과 동 사이에는 실내 정원이 놓여 건물 내 미기후를 조절하고 에너지 효율을 향상한다.

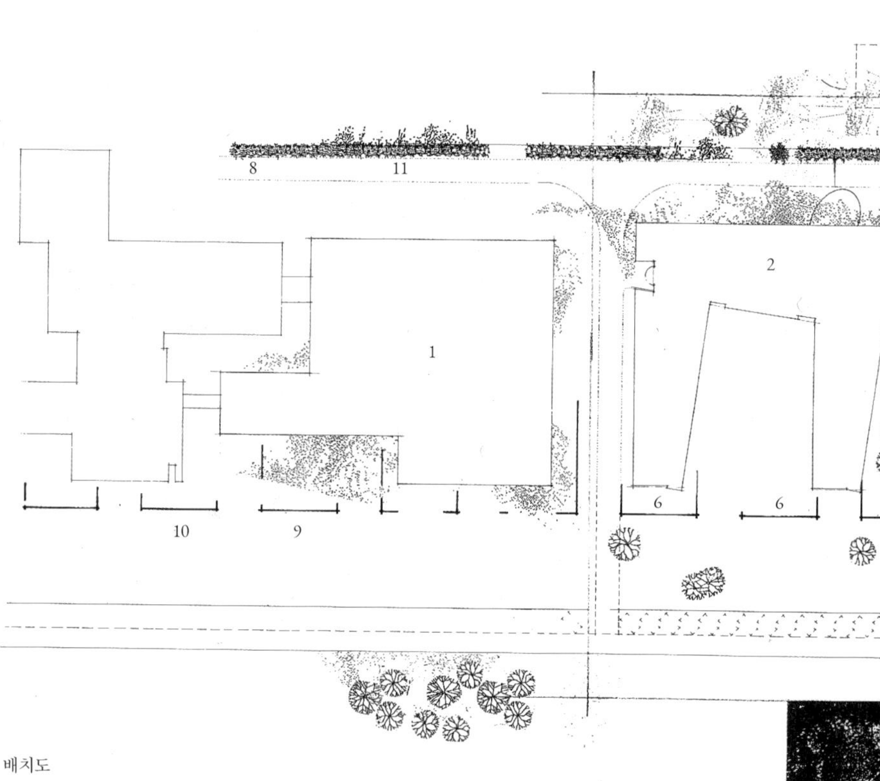

배치도

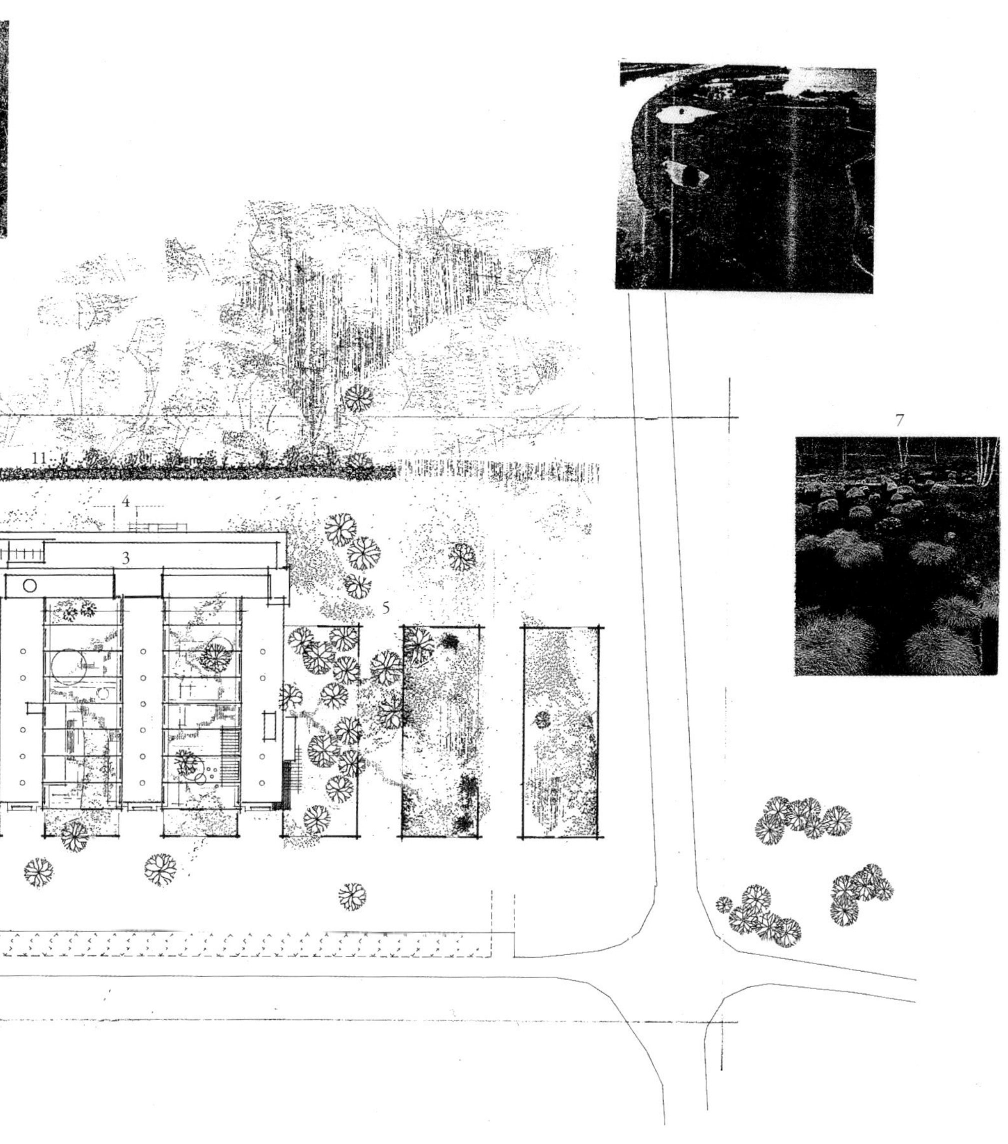

1. CPRO 시설   5. 잔디밭   9. 자전거 도로
2. 중앙 건물   6. 테마정원   10. 보도
3. IBN 시설   7. 자작나무 숲   11. 제방
4. 출입구   8. 도로   12. 도랑

네덜란드 와게닝엔 자연산림연구소의 연구동과 행정동, 일명 '루멘'은 건축물에 생태적 분석을 시도한 유럽연합의 첫 번째 파일럿 프로젝트이다. 이 프로젝트는 이산화탄소 배출을 최소화할 수 있도록 계획됐으며, 적정 예산으로 완공해 막대한 자금 없이도 튼튼하고 지속가능한 건물을 건설할 수 있음을 증명했다.

처음에는, 이러한 속성의 프로젝트의 대지로 과도한 경작으로 황폐해진 대학가 북쪽 황무지가 적합하지 않은 것처럼 보였다. 야생의 느낌을 재현해 그럴듯한 자연환경을 만들어 내는 '재자연화(re-naturalization)'를 시도하는 대신, 기존의 환경 요소를 활용하는 디자인 전략을 발전시켰다. 다양성이 보장되는 식생 구역을 만들어 곤충과 동물들이 살아갈 터전을 마련하고, 연구소 직원들에게도 건강한 생활공간을 마련해 주기로 했다. 모르타르나 시멘트를 쓰지 않은 돌담, 드문드문 놓인 숲과 오솔길, 울타리, 덤불, 연못, 늪, 수로 등과 같은 자연적 요소가 활용돼 복잡하고 다양한 소기후(micro climate)를 형성하고 섬세하게 균형 잡힌 생태계를 재생해 냈다.

새로운 건물은 교외지역의 환경을 통제하기보다 자연스럽게 섞여 들도록 설계됐다. 또한 모든 업무 공간에서 실내외 정원에 두루 접근할 수 있도록 했다. 두 개의 실내 정원은 일상적 활동에 초점이 맞춰져 있는데, 연구원들이 자유롭게 이야기를 나누는 곳이거나 연구의 테스트 베드로 사용될 수 있다. 그리고 정원은 이 프로젝트의 친환경적 개념이 구현되는 중요 건축 요소로서 건물의 '허파' 구실을 하며 건물 외피의 에너지 효율을 향상한다.

건축 재료로는 이 지역에서 생산되는 목재가 건물 파사드와 계단 난간, 가구 및 바닥재로 사용됐다. 뿐만 아니라 남은 건설자재들을 활용해 외부 정원 공간을 조성해서 폐기물 처리 이슈에 대응했다. 글 **베니쉬 아키텍틴**

설계 베니쉬 아키텍틴(Behnisch Architekten) **위치** 네덜란드 와게닝엔(Wageningen, Netherlands) **용도** 실험시설, 연구시설, 대학시설 **연면적** 11,800m² **주차** 60대 **구조** 현장 타설 콘크리트 **외부마감** 유리, 나무, 회반죽 **내부마감** 나무, 콘크리트, 석고보드 **설계기간** 1994. 2. ~ 1996. 4. **시공기간** 1996. 9. ~ 1998. 4. **건축주** Rijksgebouwdienst Direktie Oost Arnheim, Netherlands **사진** Christian Kandzia, Frank Ockert, Stefan Behnisch, Martin Schodder

베니쉬 아키텍틴은 1989년에 설립되었으며 슈투트가르트, 뮌헨, 보스턴, 로스앤젤레스에 사무실이 있다. 베니쉬 아키텍틴은 환경에 대한 책임감, 창의성, 공공성 등을 중요하게 생각한다. 파트너들과 스태프들은 사용자의 요구 사항, 생태 자원, 지역 문화의 저변을 넓히는 비전을 공유한다.

주변 지역에서 생산되는 목재를 이용해 건물 외피, 계단 난간, 가구, 바닥재등을 만들었다. 또한 시공 과정에서 나오는 부산물들을 버리지 않고 '글루램(glue-lam)' 기술을 통해 시각적으로도 아름다우면서 고도로 유연한 창틀과 구조재 및 커튼월 시스템을 만들었다.

아모레퍼시픽 사옥 옥상조경

아모레퍼시픽 본사에는 단풍나무와 지피식물들이 서식하는 세 개의 거대한 보이드 공간이 있다. 콘크리트로 된 인공지반 위에서 이 식물들이 살 수 있도록 여러 기술이 동원됐다.

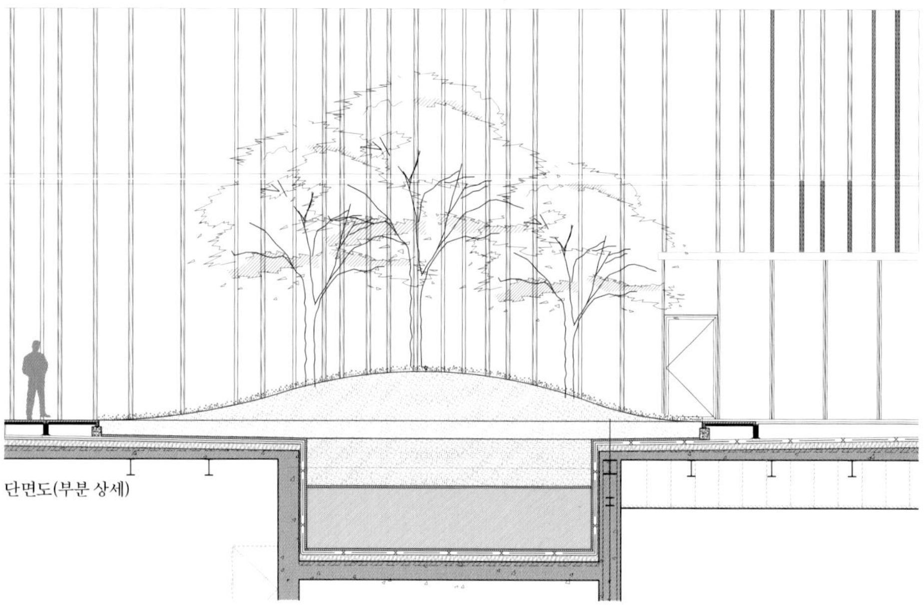

단면도(부분 상세)
0   1.5   3m

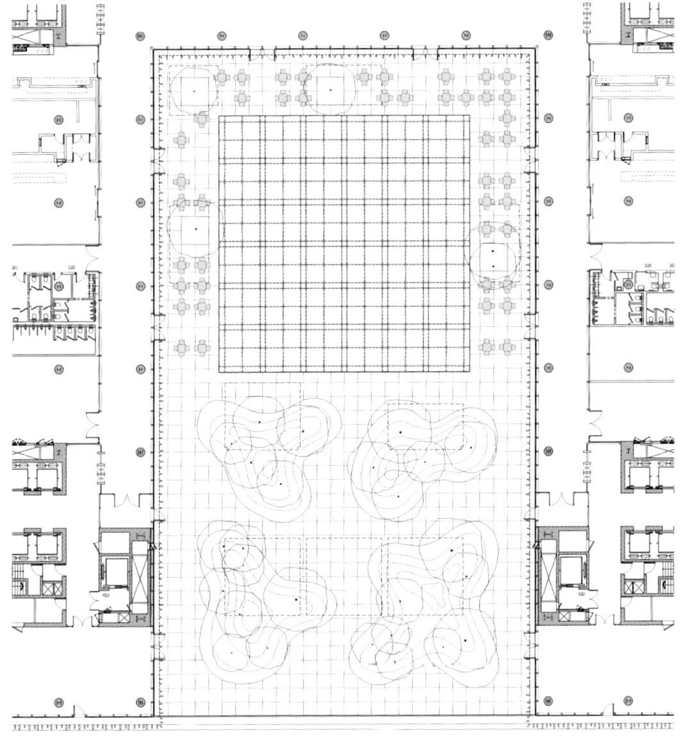

평면도

205

아모레퍼시픽 본사는 육중한 매스 위에 식물이 서식할 수 있는 세 개의 거대한 보이드 공간을 품고 있다. 키 큰 나무들이 자랄 수 있는 높은 천장, 토양과 수목의 하중을 지지할 수 있는 구조체, 충분한 양의 식생토를 담아낼 수 있는 깊이가 초기 건축설계안에 반영돼 있었다. 다만 한정된 일조량, 바람의 영향, 빗물이 닿지 않는 공간적 한계 등은 조경설계를 통해 극복해야 할 문제였다.

인공지반에서 식재기반은 식물 생육에 절대적으로 중요하다. 식재기반의 가장 아래층은 건물 배수 시스템에 연결된 배수층이다. 배수층은 토양 하중을 견디면서 스며든 물이 신속히 배출되는 구조로 설계됐다. 지상 점검이 가능하도록 점검 통로도 충분한 크기로 확보했다. 식재기반에서 가장 중요한 역할은 배수층 바로 위 식생토양이 담당하는데, 배수층은 수목을 지지하고, 영양분을 공급하며, 적절한 수분을 유지하게 한다. 수목 생장에 제일 좋은 토양은 적절한 유기물을 함유한 식재용 양토이지만, 무게가 상당해 경량화된 인공토 사용이 일반적이다. 이 프로젝트에서는 양토를 기준으로 건물 구조가 설계됐기에 최적의 성능을 발휘할 수 있는 토양 프로파일을 검토해 반영할 수 있었다.

식재되는 수종도 세심한 검토가 필요하다. 경관적 효과와 생육환경을 동시에 고려해야 한다. 바람에 강하고 적은 일조량에서도 적응할 수 있는 수종으로 단풍나무를 선정했다. 단풍나무는 잔가지가 발달해 겨울철 잎이 진 뒤에도 경관적 효과가 나쁘지 않다. 단풍나무 하부에는 지면을 밀도 있게 피복하는 내음성 강한 상록성 지피식물인 줄사철, 마삭줄, 백화등 등으로 정리했다.   글 **정영선, 박승진**

설계 조경설계서안 + 디자인스튜디오 loci **위치** 서울시 용산구 한강로 **설계기간** 2011. ~ 2015. **시공기간** 2016. ~ 2017.
사진 양해남

정영선은 조경설계서안 대표다. 그는 서울대학교 농학과와 동 대학원에서 조경학을 전공했으며 청주대학교 조경학과 교수를 역임했다. 예술의전당, 올림픽공원, 파리공원, 호암미술관 희원, 선유도공원, 뉴욕 원다르마 센터, 서울식물원 등 수많은 국내외 프로젝트를 진행했고 2004년에 김수근 문화상을 수상했다.
박승진은 디자인스튜디오 loci 대표다. 그는 성균관대학교와 서울대학교 환경대학원에서 조경설계를 공부했다. 조경설계서안을 거쳐 2007년에 디자인스튜디오 loci를 열었다. 정영선과 함께 서울아산병원, 아모레퍼시픽 기술연구원과 본사 사옥, 원료식물원의 조경 작업을 진행했다. 한국예술종합학교 건축과 겸임교수를 맡고 있다.

바람에 강하고 적은 일조량에서도 적응할 수 있는 단풍나무를 심었다. 단풍나무 하부에는 지면을 밀도 있게 덮는 줄사철, 마삭줄, 백화 등 상록성 지피식물로 정리했다.

아크로스 후쿠오카

아크로스 후쿠오카는 녹지가 부족한 도시에서 한 가지 해법을 제시한다. 이 프로젝트를 설계한 건축가 에밀리오 암바즈는 "건물이 빼앗을 뻔한 땅을 환원해 도심 속 건축이 열린 귀중한 공공공간의 자원으로서 공생할 수 있도록 했다"고 설명한다.

단면도(전체)

218

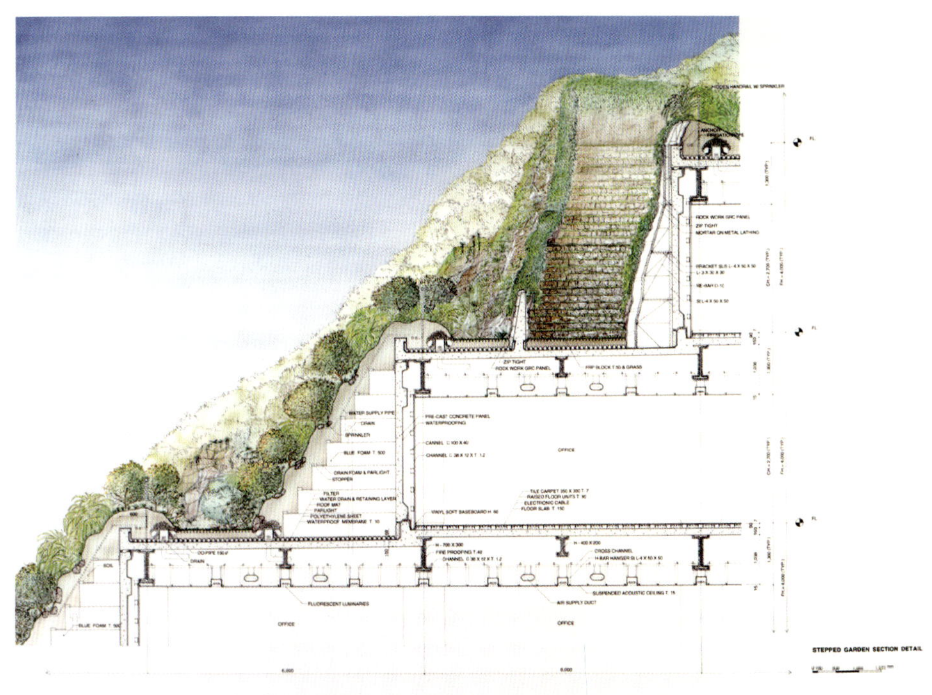

단면도(상세)

대지는 후쿠오카 중심부에서 개발되지 않았던 금싸라기 땅으로 후쿠오카 시 소유지였다. 후쿠오카 시에서는 민간기업과 협업하는 방식으로 이 대지의 개발을 추진했는데, 입찰에 참여한 업체들은 수익 극대화 방안을 두고 경쟁했었다. 반면, 우리는 이 개발이 시에서 사실상 유일한 공공녹지인 텐진 센트럴 파크에 미칠 영향에 관심을 쏟았다. 그리고 건축물이 불가피하게 차지하게 될 공공공간을 최대한으로 시민들에게 돌려주고자 했다. 이 상충하는 두 욕망을 효과적으로 조율하며 도심에서 가장 매력적인 랜드마크를 설계했다.

우선 건물 남측에서는 지상에서부터 건물 최상부까지 각 층의 테라스를 정원으로 채웠다. 이 정원들은 마치 계단처럼 이어지며 지상의 공원을 건물 위로 확장한다. 그리고 단층 높이의 열다섯 개의 테라스형 정원 아래에는 전시실, 박물관, 극장, 컨퍼런스 시설, 관공서 및 민간기업 사무실, 지하 주차 공간, 상업 공간 등을 뒀다. 각각의 테라스는 명상 정원, 휴식 정원 등으로 구성돼 있으며, 최상층 테라스에는 후쿠오카 항과 주변의 산을 조망할 수 있는 넓은 전망대가 자리하고 있다. 또한 각 테라스를 사다리 모양으로 잇는 수로 공간을 계획해 도시의 소음을 덮고, 아트리움에 산란되는 빛이 들어올 수 있도록 했다.

테라스형 정원이 지상에 닿는 부분에는 거대한 바위를 연상시키는 쐐기 모양의 건물 입구가 테라스형 정원을 관통하듯이 놓여 있다. 이 입구 매스는 식물로 덮인 표층 아래의 지층을 드러내는 듯한 암시를 주는데, 이 건축장치는 지하층 환기 통로이자 공연 예술가들에게는 돌출된 무대로 사용된다. 한편 건물 북측은 시에서 가장 번화한 금융가를 마주하는데, 각 층에 줄무늬 진 창문을 둬서 건물의 볼륨감을 줄이려고 했다. 글 **에밀리오 암바즈**

설계 에밀리오 암바즈 앤 어소시에이츠(Emilio Ambasz & Associates) **위치** 일본 후쿠오카 주오(Chuo City, Fukuoka, Japan) **대지면적** 13,647m² **건축면적** 10,622m² **연면적** 100,000m² **시공기간** 1992. ~ 1995. **건축주** Dai-ichi Mutual Life Insurance Co. **사진** Hiromi Watanabe (Watanabe Studios)

에밀리오 암바즈(Emilio Ambasz)는 프리스턴 대학교에서 공부했고, 뉴욕의 현대미술관에서 큐레이터로 근무했다. 그는 미국건축가협회 명예교수, 영국왕립건축가협회 명예국제교수, 이탈리아의 코맨더 등을 역임했다. 녹색건축의 선도자로, 이탈리아 볼로냐 대학교가 수여하는 과학훈장을 받았다.

건물의 남측 면에는 지상에서부터 건물 최상층까지 각 층마다 테라스가 있고, 실내는 아트리움을 통해 산란된 빛이 유입된다.

건물의 북측 면에는 줄무늬 진 창문을 설치해 건물의 볼륨감을 줄이고자 했다.

SK케미칼 에코랩

SK케미칼 에코랩은 폴리에스테르, 탄소섬유 프리프레그 등의 화학제품과 각종 신약을 개발하는 회사의 연구소다. 판교에 위치한 이 연구소 건물은 3중유리 패널, 태양광 전지 패널 등을 아트리움에 적용하여 공공 영역의 에너지 효율을 높이고 있다.

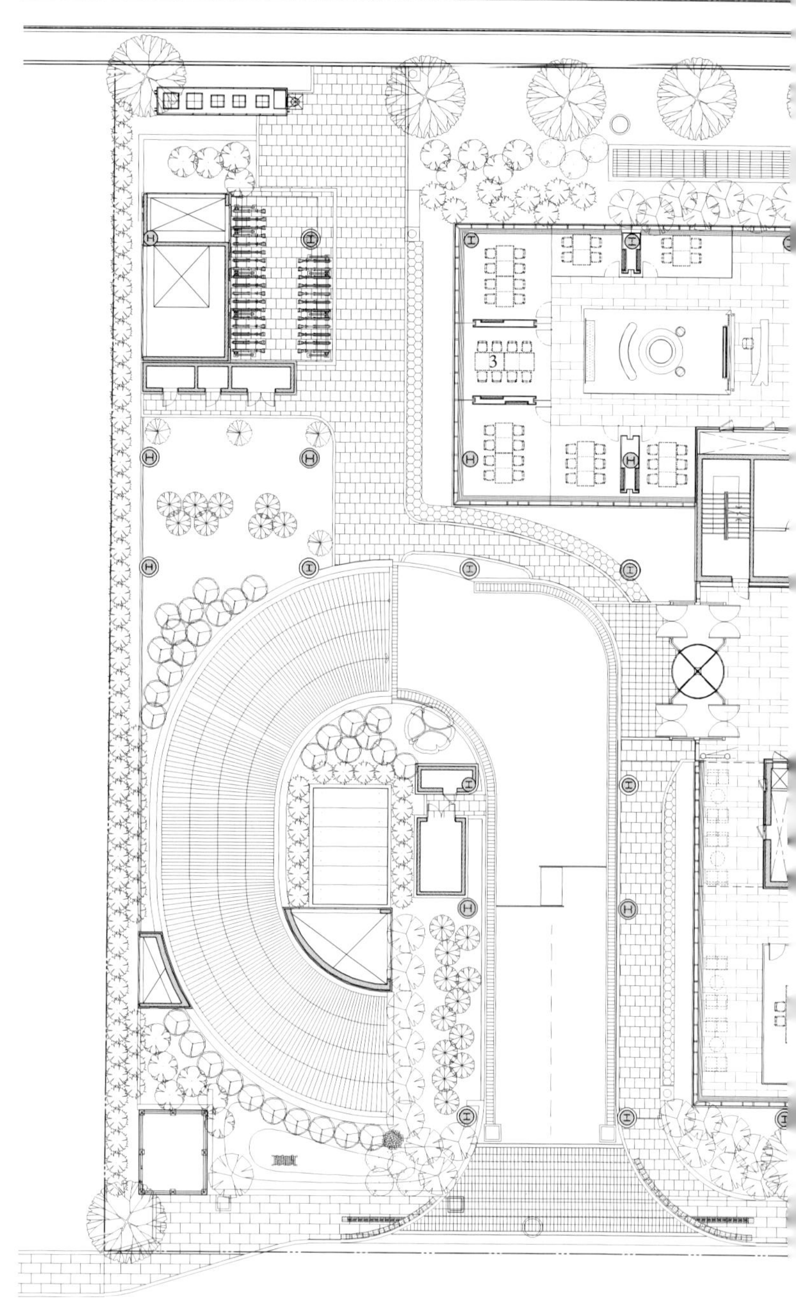

1층 평면도

1. 라운지
2. 로비
3. 회의실
4. 선큰
5. 직원휴게공간

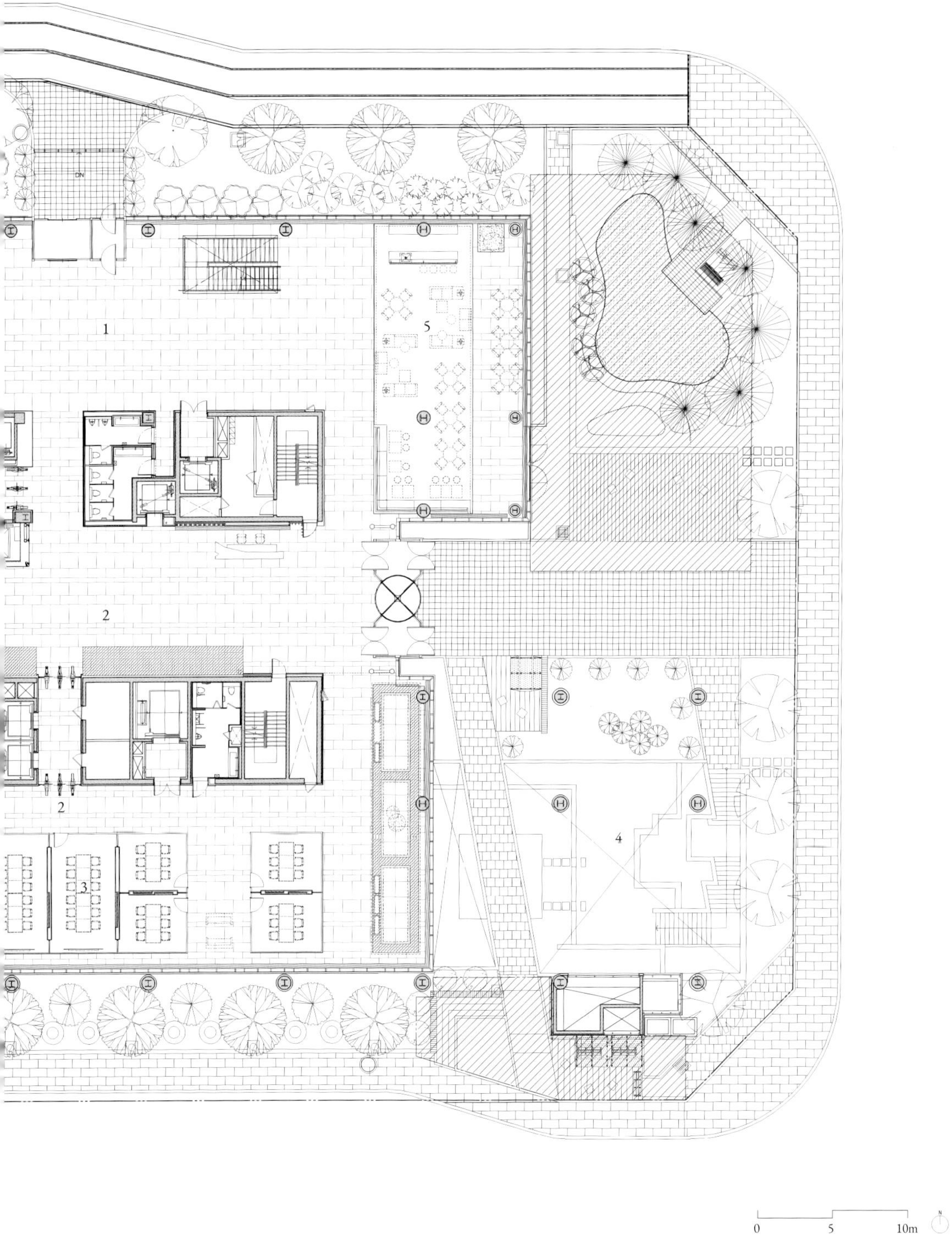

1

2

3

2

5

4

0   5   10m

SK케미칼 에코랩은 업무동과 연구동으로 구분된 두 개의 매스로 설계됐으며, 그 사이에 배치된 아트리움이 이 두 프로그램을 연결하고 있다. 건물 내 중심 공간이 되는 아트리움에는 에너지 순환이라는 건물 콘셉트에 맞는 인테리어가 적용됐다. 벽에 붙인 수구를 통해 분수가 나오는 벽천을 통해 자연친화적 콘셉트를 시각적으로 드러냈다. 이것을 통해 전나무 이미지로 된 친수 공간을 조성하는 동시에 증발 냉각으로 냉방부하 경감 및 겨울철 가습 효과가 발생한다. 아트리움을 활용한 자연환기 공조 시스템이 적용됐다.

이곳은 에너지 절감을 가장 중요하게 다루고 있으며 그 효과를 구현하기 위해 3중유리, 바닥공조, 지열을 이용한 복사냉난방 기능, BIPV 등을 건물에 도입했다. 3중유리는 3면의 유리 사이에 아르곤 가스를 주입하여 난방 및 일사 차단효과를 높인 건축 재료다. 바닥공조 시스템은 건물 바닥 하부 공간에 공기를 급기하여 사람이 생활하는 공간에 공기를 투입하는 방식으로, 일반적인 천장 급기 시스템에 비해 에너지 절감 효과가 크며 실내 환기 효율도 높다. 천장에는 복사냉난방 시스템을 적용한 패널이 시공됐다. 이 패널에 냉온수를 공급함에 따라 패널의 표면 온도와 실온과의 온도차가 발생하는데 이를 통해 복사냉난방이 이뤄진다. 그리고 BIPV는 건물 외피에 일체형으로 설치된 태양광 전지패널을 의미하며 패널을 통해 전기를 생산하는 에너지 시스템을 의미한다.

SK케미칼 에코랩에는 지열, 태양광, 자연채광 같은 자연에너지뿐만 아니라 빗물 및 지하수를 이용한 수자원 절감, 바닥공조 및 복사냉난방을 이용한 에너지 저감, 제어 및 모니터링을 통한 에너지 관리 등 약 100여 가지 최첨단 친환경, 에너지, IT 기술이 적용됐다. **글 정영균**

설계 (주)희림종합건축사사무소 **위치** 경기도 성남시 분당구 **용도** 교육연구시시설, 업무시설 **대지면적** 6,231.3m² **건축면적** 3,734.83m² **연면적** 47,512.91m² **규모** 지하 5층, 지상 9층 **높이** 42.23m **주차** 308대 **건폐율** 59.94% **용적률** 404.18% **구조** 철근콘크리트조 **외부마감** 알루미늄 복합패널, 3중유리, BIPV 모듈 **설계기간** 2006. 7. ~ 2010. 9. **시공기간** 2008. 7. ~ 2010. 9. **건축주** SK케미칼 **사진** 박완순

정영균은 서울대학교를 졸업하고, 미국의 미첼 지아골라 아키텍츠와 바우어 루이스 아키텍츠에서 실무경력을 쌓았다. 그는 현재 희림종합건축사사무소의 총괄 대표이사이자 최고경영자이며 국내외 여러 대형 건축 프로젝트를 진행 중이다. 대표작으로는 인천국제공항 제2여객터미널, 평창동계올림픽 피겨·쇼트트랙경기장, 베트남 108 국방부 중앙병원, 중국 남경강녕지구 시민센터, 아제르바이잔 바쿠 올림픽 스타디움 등이 있다.

건물은 두 개의 동과 그 사이를 잇는 아트리움으로 구성된다. 아트리움은 자연친화적 콘셉트로 친수공간이 조성되어 있으며 이는 냉방부하를 경감시키고 겨울철에는 가습효과가 있다.

3중유리(세 면의 유리 사이에 아르곤 가스를 주입해 난방 및 일사 차단효과를 높인 유리)가 사용되어 에너지 절감 효과가 있다.

이대서울병원

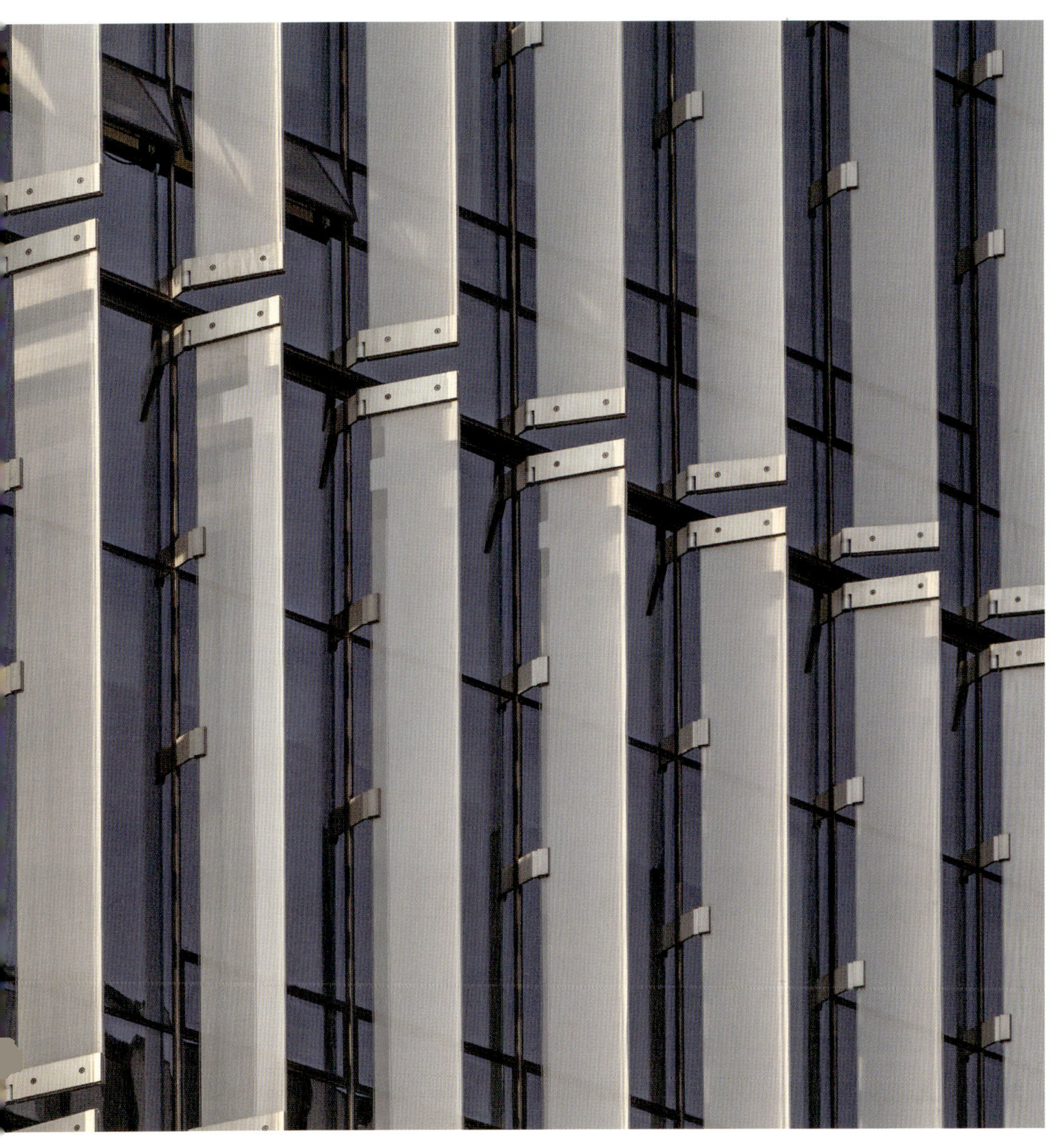

이대서울병원은 서울시 강서구 마곡지구에 위치한 의료시설이다. 이 신축 의료시설은 에너지 효율성 증대와 실내외 환경 품질 향상을 통해 지속가능한 병원을 지향한다.

이대서울병원

의과대학
병원
HOSPITAL STREET
WELCOME PLAZA
OPEN SPACE
도시
중앙진료부
외래진료부
HOSPITAL STREET

   매스 다이어그램

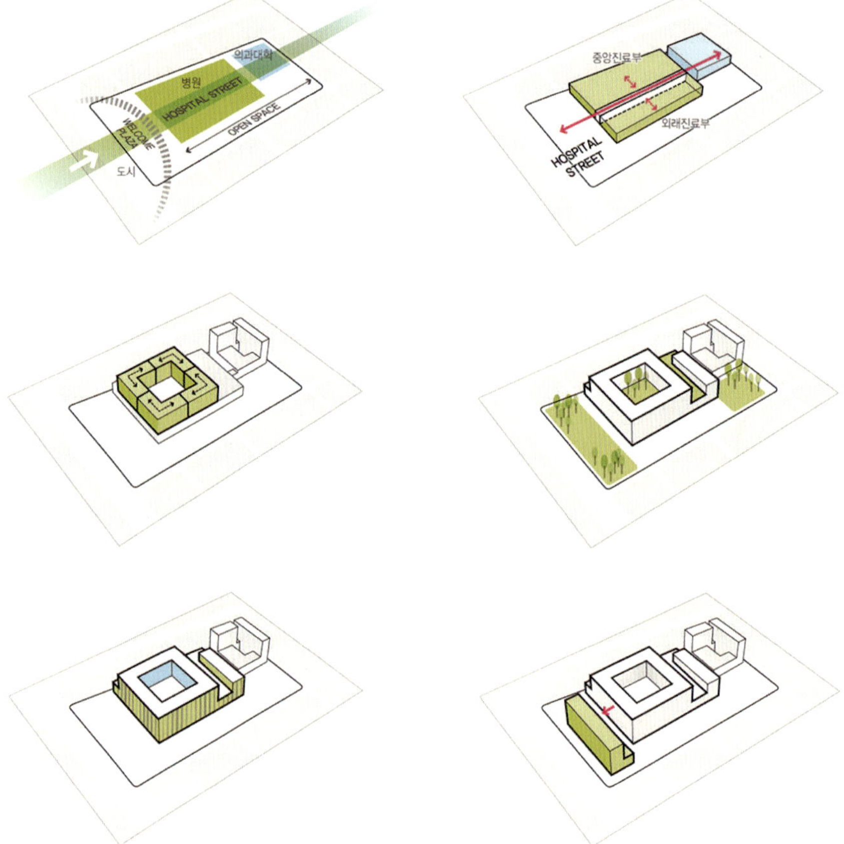

스케치

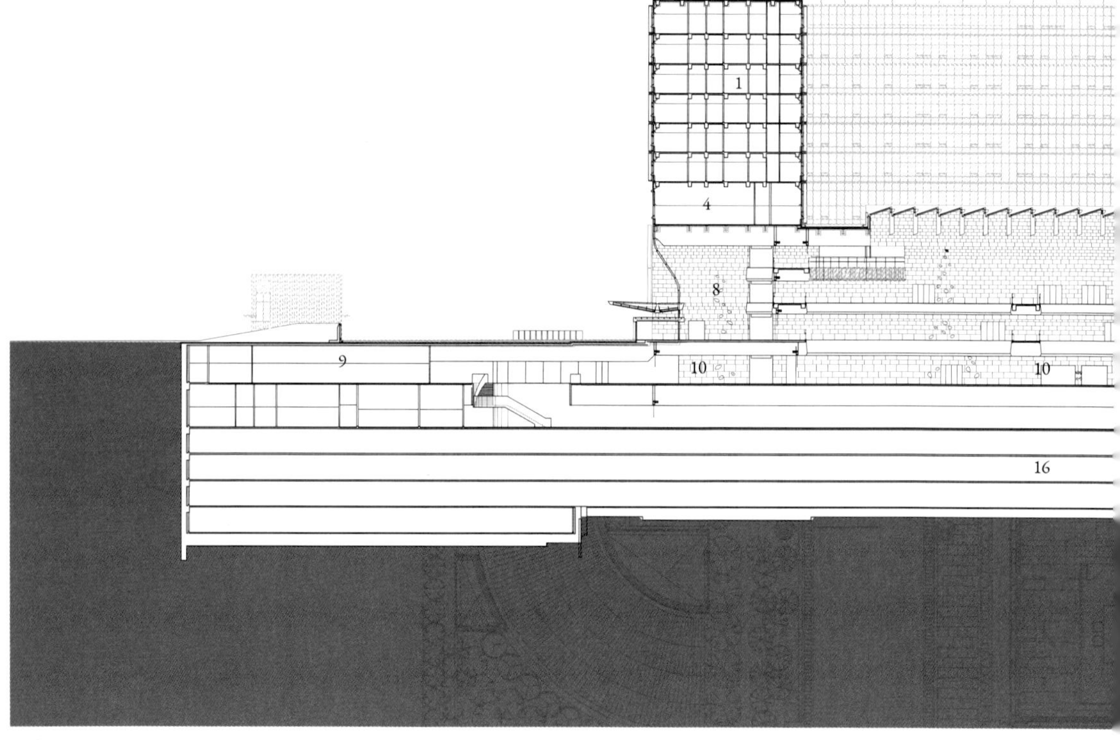

단면도

〈이대서울병원〉

1. 표준병동	6. 인공신장센터	11. 접객실
2. VIP 병동	7. 종합검진센터	12. 방사선종양학과
3. 무균병동	8. 부출입구로비	13. 영결식장
4. 직장 어린이집	9. 푸드코트	
5. 편의시설	10. 로비	

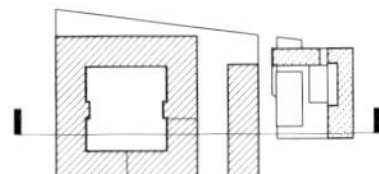

〈의과대학〉

14. 평면강의실
15. 카페
16. 분향실
17. 해부실습실
18. 동물실습실
19. 주차장
20. 임상교수실
21. 기생충학교실
22. 의학교육학교실
23. 로비
24. 독서실
25. 주차램프/하역장

0 20 40m

과거 의료시설이 진료 기능 중심의 공간이었다면 오늘날에는 환자의 치료와 치유를 향상하는 데 방점이 찍힌다. 환자의 빠른 쾌유를 위해서는 물리적, 정서적 치유환경이 마련되어야 하는데 이러한 환경을 갖추기 위해서는 병원이 지속가능성을 확보해야 한다. 우리가 정의하는 지속가능한 병원이란 치료 및 입원 시설 등에 사용되는 에너지를 효율적으로 사용하고 주변에 영향을 적게 미치는 건물을 뜻한다. 또한 환자를 위한 쾌적한 치유환경을 조성하는 것만큼 병원의 직무환경을 개선하여 직원의 삶의 질을 향상하는 것을 지향한다.

이대서울병원은 지속가능한 병원을 위해 에너지 비용 감소, 실내외 환경의 품질향상, 저영향 개발을 주요 목표로 설정했다. 환자의 건강과 안전을 우선시하는 의료시설에서는 에너지 절감의 중요성이 간과되는 경향이 있다. 하지만 에너지 효율화를 통한 운영 비용의 절감은 시설과 서비스의 투자 확대를 가능하게 하여 환자의 의료 만족도 향상에 기여한다. 우리는 외피 성능을 향상시키고 일사량을 조절하는 패시브 계획, 실내 공간의 쾌적성을 높이기 위한 액티브 계획을 통해 건물의 에너지 효율성을 높이고자 했다. 설계 단계에서 친환경 자재의 사용량을 일반적인 수준보다 높게 설정했으며, 환기량을 증대하는 공기순환 설계로 실내 공기의 질을 향상시키고 균질한 자연채광을 유입시킬 수 있도록 계획했다. 이 병원에서는 녹지도 중요한 생태적 역할을 한다. 우리는 도심지의 한정된 공간 조건에서 오픈스페이스를 최대한 확보하기 위해 병원 야외 면적의 대부분을 녹지로 조성하여 환자와 직원에게 자연과 가까운 휴식 공간을 제공했다. 저영향 개발을 위해 대지 내에서 사용되는 물도 모두 빗물을 모아 이용하거나 재생 또는 버려지는 물을 사용하도록 했으며, 지면의 투수 면적을 최대화하는 설계로 건물 내 물순환 기능을 회복시켰다.　글 김기한

설계 (주)정림건축종합건축사사무소 **위치** 서울시 강서구 공항대로 **용도** 의료시설 **대지면적** 33,360m² **건축면적** 17,176.33m² **연면적** 262,722.67m² **규모** 지하 6층, 지상 10층 **높이** 47.20m **주차** 1,988대 **건폐율** 51.49% **용적률** 256.75% **구조** 철골철근콘크리트조 **외부마감** THK28 투명로이복층유리, 노출콘크리트, 화강석 등 **내부마감** 대리석, 화강석, 우드패널, 흡음석고보드 등 **설계기간** 2013. 12. ~ 2017. 11. **시공기간** 2014. 12. ~ 2018. 11. **건축주** 학교법인 이화학당 **사진** 윤준환, 심기섭

김기한은 서울시립대학교를 졸업했으며 현재 정림건축종합건축사사무소에서 대표이사 직을 맡고 있다. 또한 중국 선양 롯데월드 등 국내외 다양한 복합상업시설 프로젝트를 수행했고, 서울시 기술심의위원과 자치구 건축, 도시계획심의위원, 한국건축가협회, 대한상사 중재인 등의 대외 활동을 하고 있다. 그는 변화의 시대에 건축의 방향에 대한 연구와 사회와의 소통, 건축가로서 꾸준한 의미 성찰을 통해 '건강한 공간환경'을 만드는 일에 정진하고자 한다.

건물은 네 개의 병동으로 이루어진 타워와 중정으로 구성된다. 야외 면적의 대부분은 녹지로 조성됐는데 이는 환자와 직원에게 자연과 가까운 휴식 공간을 제공하고, 생물 서식지를 제공해 생태 기능을 복원하기 위함이다. 외장재로는 수직 루버를 설치해 일사를 효율적으로 조절할 수 있게 했고 이는 외피 성능을 향상시키는 효과가 있다.

150m 길이의 아트리움이 건물 저층부를 가로지른다.

이대서울병원
공항웨딩

특별좌담

PART5

특별좌담

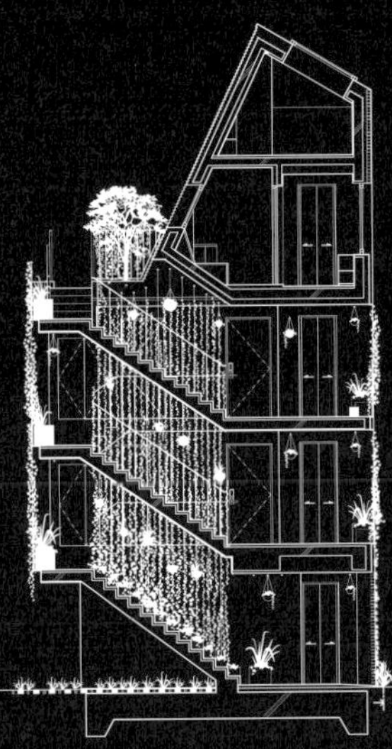

생태건축을 향한 질문들

생태건축을 향한 질문들

사회 **김정은** 월간 「SPACE(공간)」 편집장
이병연 숭실대학교 교수
이아영 희림종합건축사사무소 부사장
신지웅 EAN테크놀로지 대표
최원만 신화컨설팅 대표
조상규 건축도시공간연구소 선임연구위원

이병연은 숭실대학교 건축학과 교수이다. 서울대학교와 바틀렛 스쿨에서 공부했으며 정림건축, GAID컨설팅, 디자인그룹오즈 등에서 실무경험을 쌓았다. 제로에너지, 녹색기술, 저에너지, 생태건축, 패시브하우스 등에 관한 연구를 이어가고 있다.

이아영은 희림건축의 건축연구소를 이끄는 본부장이다. 서울대학교 건축학과에서 학사와 석사를 마친 후 설계 실무를 경험했고, 뒤늦게 박사 학위를 받았다. 서울대학교에서의 박사 과정과 미국 펜실베이니아 대학교에서의 박사후 과정을 통해 생태건축의 이론적 기반을 쌓은 후 실무 현장에 복귀했다. 현재는 건축사로서 생태건축의 발전을 위해 미력을 더하고 있다. 또한 그린 리모델링, 제로에너지 공동주택, 스마트 시티와 같은 국가선도 연구 프로젝트에도 참여하고 있다.

신지웅은 녹색건축기술을 연구개발하고 컨설팅하는 (주)EAN테크놀로지의 창업자이자 대표이다. 연세대학교 건축공학과를 졸업하고 동 대학원에서 건축환경 석사와 박사 학위를 취득했다. 산업계와 학계를 아우르며 다양한 활동을 하는 가운데 현재 한국녹색건축기술협회 회장, 한국그린빌딩협의회, 한국건축친환경설비학회, 한국실내환경협회 및 한국생태환경건축학회의 부회장을 맡고 있다.

최원만은 일산호수공원, 청계천 2공구 조경설계를 비롯하여 여의도 한강공원 국제공모, 광교신도시 호수공원 국제공모, 부산 북항친수공원 국제공모, 부산 델타신도시 2구역 조경설계, 판교신도시 기반시설(공원 및 녹지) 현상공모 등에 당선된 바 있다. 국내 유수의 하우징, 오피스의 조경을 설계한 조경가다.

조상규는 건축도시공간연구소에서 스마트·녹색 연구단 단장을 맡고 있다. 국토교통부의 의뢰로 제2차 녹색건축물 기본계획 수립 연구를 수행했으며, 최근에는 스마트도시와 녹색건축, 빅데이터를 활용한 정책 개발을 위해 힘쓰고 있다.

자연을 마주하는 태도의 변화

김정은 사람들의 가치관이 변하고 있다. 인간의 행위가 환경에 미치는 영향에 대해 고민하고, 생태에 관심이 높아지고 있다. 실무를 하는 전문가들은 변화를 어떻게 체감하고 있는지 궁금하다.

신지웅 사람과 자연이 공생해야 한다는 생각을 당연하게 여기는 사람들이 많아졌다. 많은 회사, 많은 프로젝트에서 생태적 가치를 고려한다. 예전에는 생태적 고려가 설계의 창의성을 막는 제한 요인으로 인식되었는데, 요즘은 많이 바뀌었다.

이아영 십여 년 전 다른 본부 실무자가 '태양광은 어떻게 사용하나'라고 묻더라. 앞뒤 설명 없이 그 이야기부터 했다. 그 당시만 해도 설계를 하는 건축가조차도 생태건축, 친환경 건축이라고 하면 태양광 판을 붙이는 정도라는 인식에 그쳤던 거다. 하지만 요즘은 그렇게 질문하는 사람이 없다. 인식이 많이 개선됐고 분위기도 달라졌다.

최원만 생태에 관한 사람들의 인식이 정말 변했을까 하는 생각이 든다. '자연스럽다'라는 말이 있다. 이 관습적 표현 자체가 굉장히 생태적이다. 자연스러운 게 무엇인지 오랜 시간 동안 다양한 경험들이 축적되어 당연하게 인식되는 것이다. 경험치와 통계치에 의한 산물이다. 이처럼 생태라는 건 특별한 무언가가 아니라 일상에 녹아 있는 것이다. 그래서 생태에 대한 우리의 생각이나 가치관이 바뀌었다기보다는 우리나라에서 실시하는 정책과 공약이 바뀐 것 같다. 현실에서 생태를 이야기할 때는 참 어렵다. 특별한 공법, 기술 등이 적용된 어떤 것이어야 할 것 같으니까. 돈, 에너지, 유지관리 등이 더 크고 많을 것 같으니까. 지금 현재 시점에서는 가치관과 정책 사이에 혼돈이 온 게 아닌가 싶다.

조상규 정책을 시행하는 입장에서 보면 놀라운 지점들이 있다. 국토교통부와 건축도시공간연구소는 단계적으로 건물의 에너지 절감 정도와 신재생에너지 사용 비율 기준을 높이고 있다. 기준을 상향할 때 반신반의한다. 이게 가능할까? 그런데 놀랍게도 다들 삽시간에 따라온다. 자재와 기술을 빠르게 개발하고, 몇 년 전만 해도 수입하던 것들을 국내에서 자체 개발하는 모습을 목격하고 있다. 이제는 고성능의 창호를 구입하는 게 일반 창호를 구입하는 것보다 저렴하다. 효율이 낮은 자재를 구하는 게 오히려 더 어렵고 비용도 많이 든다. 이렇게 완성된 건축물, 즉 결과물(product)은 어느 정도 높은 수준에 도달했다고 본다. 하지만 전체 과정, 자재 조달 방식, 개개인의 사고방식 등 더 넓은 차원의 일들(production)에 있어서는 조금 더 개선될 여지가 있다고 본다.

인공과 자연 사이의 여러 가지 개념어

김정은 우선 생태건축을 어떻게 정의할 수 있을지부터 짚고 싶다. 친환경 건축, 녹색건축, 생태건축, 생물건축, 대안건축 등 각기 다른 용어들이 사용되고 있다. 물론 저마다 지향하는 바가 다르지만 어떤 때에는 혼란을 야기하기도 한다.

신지웅 생물건축, 대안건축은 요즘에는 잘 안 쓰긴 한다. 한 가지 짚어야 할 점은 사용하는 단어에 따라서 중요하게 생각하는 가치가 달라진다는 점이다. 한국은 에너지 절감에 다소 집중하고 있다. 생태건축이라고 하면 저탄소 배출건물이라는 인식이 있는 듯하다. 물론 온실가스 배출량이 줄어들면 자연에 이로울 것이기 때문에 그런 단어로까지 연결되는 것일 테지만, 용어 정리는 필요하다고 본다.

조상규 친환경, 녹색, 생태 등의 논의는 제2차 세계대전 이후 도시가 급격하게 건설되는 것에 대한 반작용, 자연에 대한 그리움 등으로 인해 대두됐다. 친환경과 생태는 약간의 뉘앙스 차이가 있다. 친환경은 환경을 보존하고 관리하기 위해 사람이 주도적 역할을 하는 반면, 생태는 인간도 자연의 일부라고 생각하며 사람도 객체로 바라본다. 친환경 건축, 생태건축, 녹색건축, 패시브 건축, 제로에너지 건축 등 파생된 개념이 많지만 같은 지향점을 가진다. 어떤 것을 강조하는가에 따라 각각의 개념으로 분화된다.

이병연 조상규의 이야기처럼 생태건축이 태동하게 된 배경에는 급격한 도시화에 대한 반성이 있다. 이에 대한 해결책으로, 단기간에 개발되지 않은 자연 그대로의 상태를 지향했던 때가 있었다. 특히 유럽이 그랬다. 하지만 과연 자연 상태로 돌아가는 것이 우리가 도달해야 할 목표인가에 대한 의문이 뒤따라 왔다. 밀도가 이미 높은 도심환경에서는 오히려 고도화된 기술을 이용해서 에너지를 줄이는 게 지구에 부담을 줄이는 방식이지 않을까, 하는 논의가 대두됐다. 처음에는 에코하우징, 환경건축 등으로 불리다가 나중에는 하이테크 건축도 친환경 건축으로 부르던 시기가 있었던 이유가 그 때문이다. 그러다가 점점 범용적으로 녹색건축, 친환경 건축이라는 단어가 사용되게 됐다. 나 또한 마찬가지로 자연과 기술 사이에서 어디에 무게 중심을 두는가에 따라 각기 다른 개념이 사용된다고 본다.

이아영 생태건축은 '생태학'에서 탄생됐다. 생태계가 작동하려면 자원과 에너지를 소비해야 하는데, 그 과정에서 폐기물이 나온다. 과거에는 자연에 있는 미생물 등이 이 폐기물들을 분해하고 다시 자원화하는 과정으로 이어져 전체 순환이 생태적 균형을 이뤘다. 하지만 급격한 도시화가 진행되면서 균형이 깨지는 문제가 생겼고 그제서야 돌아가야 한다는 목소리가 나왔지만 그때는 이미 돌이킬 수 없는 지경이었다. 그래서 균형을 유지하기 위한 기술의 도움이 필요하다는 태도가 나타날 수밖에 없었던 거다. 그 과정에서 내가 볼 때는 단어 선택에서도 정책적인 전략이 있었던 것 같다. 가령 '저탄소 녹색성장'이라는 단어를 많이 썼다가 다음 정권에서는 '그린'을 강조했다. 전략과 정책의 수정은 늘 있으니까. 다만 한국은 단기간에 급성장을 하다 보니 해외처럼 설계자들의 자성에 의한 변화보다는 정책적으로도 몰아가는 방식이었다. 지금은 개선되는 과정에 있다고 본다.

이병연 유럽이 대안으로서 생태를 찾은 반면, 한국은 성장과 생태를 동시에 추구하면서 어려움이 많았다. 20여 년 정도 생태건축, 친환경 건축을 말해오면서 느끼는 건데, 이제는 '사람들이 어떤 가치를 느낄 수 있게 하는가' 하는 문제로 넘어가는 것 같다. 이전에는 부동산, 교통(역세권), 교육(학세권) 등이 중요했는데 최근에는 공원을 중시하며 '숲세권'이라는 말도 등장했다.

김정은 건강, 행복 등의 가치가 중요하게 대두되고 있다는 반증일 것이다.

이병연 건축도시공간연구소에서 진행한 연구에 따르면, 수도권에 있는 30~40대에게 '앞으로 어떤 주거 공간에서 살고 싶은지'라고 물었을 때 놀랍게도 60~70%가 단독주택에 살고 싶어 한다. 하지만 당장 '5년 내에 이사할 의향이 있는가' 하고 물으면 그 비율이 20%로 훅 떨어진다. 여전히 부동산 가치와 삶의 질 사이의 간극이 존재하는 듯하다.

이아영 미국의 건축가이자 조경가인 마이클 허프(Michael Hough)가 쓴 책인 『도시경관 및 생태론(City Form and Natural Process)』에서 인상 깊었던 부분이 있다. 도시의 아이들이 자신이 사는 곳의 자연환경보다 아주 멀리 있는 자연환경에 대해 더 많이 알고, 자연을 즐기기 위해 집에서 아주 멀리 가야 하는 문제를 말하고 있었다. 자연과의 만남을 위해 화석연료를 태우고 공해를 만들면서 멀리 떠났다 돌아오는, 그런 소비적인 만남이 아니라 우리 동네, 내

마당에서 자연을 가까이 즐기는 방법을 찾아야 한다는 이야기였는데 공감이 많이 갔다. 한국도 물론 발전하고 개선되고는 있지만 여전히 안타까운 점은 도심 속에 지어지는 건물은 생태적인 공간을 쉽게 엄두를 못 낸다는 거다. 설령 녹지나 실내 녹화 공간을 조성하더라도 녹색인증을 신청할 때 제외하는 경우도 많다. 인증기준에 맞도록 설계하고 도서 작업을 하는 것이 복잡하고 어려우니까 포기해버리는 것이다.

조상규 도시개발 차원에서의 고민이 있다. 개발지를 빽빽하게 개발하고 자연의 영역을 유지하는 것과 반대로 개발지 사이사이에 자연을 넣는 것 중 무엇이 더 나은 방법일까? 이에 대해서 이제까지 논의는 많지만 검증된 사실은 없다. 최근 코로나바이러스감염증-19 상황이 발생하며 공원 녹지 공간의 필요성이 커졌다. 하지만 도시의 공원과 녹지는 엄밀히 말하면 자연환경이 아니라 인조환경이다. 벽면 녹화, 옥상녹화 등도 정책적으로 권장하고 있지만, 유지관리에 대한 비용이나 에너지 소비량을 따져 보면 친환경적이라고 보기 어렵다. 하지만 도시환경에 자연적인 요소를 도입하는 것은 사람들에게 큰 심리적인 만족감을 준다. 실제로 생태적인 것과 사람들이 느끼기에 생태적인 것이 다르기 때문에 어떤 정책을 만들고 실행하는 데 있어 사회적 합의를 이끌어내기가 쉽지 않다.

최원만 '경관'이라는 용어가 부상하면서 제도적으로 경관위원회가 생겼다. '풍경'이라는 자연 있는 그대로의 모습을 뜻하는 단어가 있는데 경관이라는 새로운 단어가 생긴 거다. 그 이후로 경관을 위해서 마치 틀을 짜듯이 건설하는 측면이 있지 않나 싶다. 정책이 건축을 조금 더 나은, 다른 방향으로 이끌어야 하지 않나 싶다. 자동차를 사면 매뉴얼을 주듯이 공간을 사용하는 사람에게도 사용 방법에 대한 설명서를 줘야 한다고 본다. 가장 좋은 생태적 기술은 '덜'이다. 덜 사용하고 덜 하는 것. 그리고 기술만으론 충분치 않기 때문에 인문학적 고려가 결합되어야 한다.

정책의 선도, 시장의 뒷받침, 변화하는 소비자

조상규 녹색건축, 생태건축 등과 관련해서 정책화할 때에 있는 어려움은 측정 가능한 목표를 설정하는 것이다. 국가 차원의 온실가스 감축은 국제사회에 약속한 수치를 지켜야 하기 때문에 조금씩 건물에 대한 기준을 올리고 있다. 사실 우리나라의 온실가스 배출에 있어 가장 큰 비중을 차지하는 부문은 산업생산 부문인데 경제를 고려하면 이쪽에서 온실가스 감축목표를 높게 가져갈 수 없다 보니 건물 부문에 매우 높은 수준의 감축 목표를 부과하고 있는 실정이다. 그 결과 오늘날 한국에서 허가받은 건물이라고 한다면 거의 패시브 빌딩에 준하는 정도이다. 하지만 모든 건축물에 이런 높은 수준의 에너지 절감 목표를 부과하는 것이 사회적으로 효율적인지는 아직 검증되지 않았다.

이병연 국내에서의 변화는 대부분 전문가 주도로 이뤄지기 때문에 발생하는 문제인 것 같다. 예를 들어서 소비자는 일단 내 집 마련이 우선 목표인데, 그 집이 생태적인가를 고민할 여유가 없을 수 있다. 반면에 전문가들은 국제표준을 고민하고 있으니 계속해서 어긋나는 지점들이 존재하는 것 같다.

조상규 그래도 요즘은 녹색건축, 생태건축을 하기가 좋은 시기인 것 같다. 부동산 가격이 많이 올랐기 때문이다. 토지 가격이 평당으로 계산되는데, 이에 맞춰서 건설 투입 비용도 비례한다. 분양가 상한제가 있긴 하지만 부동산 가격은 계속해서 올라가고 있으니 조금 다른 시각으로 보면 지금이 기회가 될 수 있지 않을까.

이아영 중요한 이야기다. 태도의 변화, 인식의 개선만으론 한계가 있다. 사람들이 주거에 대한 관심이 높아지고, 개인소득도 올라가고, 시장이 함께 작동하는 것까지 모두 합쳐졌을 때 다음 단계로 넘어갈 수 있을 것이다.

이병연 시장이라고 표현은 하고 있지만 소비자들은 실제로 어떻게 인식하고 있는지는 묻지 않았던 것 같다. '이렇게 하면 좋으니까 따라오라' 고 강요 아닌 강요하는 수준이 아니었을까. 앞으로는 소비자들의 이야기를 많이 들을 필요가 있다.

조상규 에너지 절감, 신재생에너지 도입이 가져다줄 경제적 편익만 가지고는 성부가 이 변화를 이끌 수 없다. 하지만 소비자들이 함께 변화하고 있다. 프로슈머가 분명히 존재한다. 구체적 예를 들자면, 세종시는 다른 신도시와 다르게 단독주택 비율이 높은데, 그중에 패시브 디자인을 도입한 사례가 몇 건 있다. 그런 주택의 건축주들은 스스로 공부하고 연구해서 건축과 생태 관련 전문가들과 같이 회의해서 결과물을 이끌어냈다. 이제는, 전문가가 인식의 변화를 논의하기보다는 프로슈머의 목소리를 들어야 하는 시기인 것 같다.

이아영 반면에 큰 건축 프로젝트는 건축주 한 명의 의지보다는 자본이 결정적 역할을 한다.

나도 현업에서 초기투자비와 페이백 기간에 대해 비교하기 위해, 꽤 고급 임대오피스의 임대료 수익과 전기에너지 절약 비용을 비교했는데 답이 안 나온다. 한국은 전기료가 매우 저렴하다. 건물의 성능이 높아지면 일부 부가가치는 발생하지만, 주변 시세보다 아주 높은 값을 매길 수도 없다. 물론 대규모 발주처 중에는 미래지향적인 곳도 있다. 기업 이미지 제고와 맞물려 있는 경우가 많기 때문이다. 아직은 생태적인 건축이 그 중요도가 제일 우위에 있지는 않은 것 같다. 거대자본의 측면에서는 여전히 어려움이 있다.

최원만 한국은 물값도 싸다. 우수를 걸러서 쓰는 것보다도 그냥 수돗물을 쓰는 게 훨씬 저렴하다.

신지웅 선진국도 그러하다. 생산성을 따지는 것과 건강이나 다른 가치를 중요하게 여기는 것 사이에서 균형을 잡기가 쉽지 않다.

최원만 편리성을 놓지 않는 한 생태건축에 한계는 계속 있을 것이다. 불편함도 기꺼이 감내하기까지는 아직 한참 멀었다고 본다. 참 요원하다.

조상규 몇 년 전, 한 유명 건축가가 녹색건축에 독설을 날린 적이 있다. 그는 자신이 녹색건축을 싫어한다고 했다. 건축이라는 행위 자체가 자연에 반하는 행위라는 이유에서다. 이처럼 근본적 문제가 기저에 깔려 있다. 사람들이 살기 위해서 건물을 짓는데, 이미 짓는 순간 자연에 죄를 많이 짓는 거다. 아무리 잘 해보려고 노력을 하더라도 아무것도 안 지은 것보다 나은 상태로 갈 수 없으니까.

이아영 국제적으로 저명한 건축가들이 친환경 건축을 주목하고 있고 또 완성도 높은 작업을 만들어 내고 있다. 한국도 선도하는 자리에 있는 건축가가 길을 열어주고 또 좋은 선례를 만들길 희망한다.

최원만 앞으로 미래건축은 생태건축 아닐까? 당연히?

조상규 당연하다.

생태건축을 둘러싼 허와 실

김정은 녹색건축, 생태건축이 대두된 지 어느 정도 시간이 흘렀음에도 불구하고 여전히 여러 오해들이 있다고 알고 있다. 실무를 하면서 가장 답답한 부분은 무엇인가?

신지웅 비용이 많이 수반된다는 인식이 지배적이다. 십 수년 전 자료가 여전히 업계에서 떠돌면서 생긴 문제 같다. 친환경 건축인증을 취득하기 위해서는 15% 정도의 비용이 더 필요하다는 보고서로, 나도 본 적이 있다. 당시에는 그랬을지도 모른다. 하지만 지금은 그때와 다르다. 우리는 빠른 속도로 비용을 낮추고 기술력은 높이고 있다. 같은 가격으로 성능은 더 높아지고 있다. 관련 기술개발과 연구도 활발하다. 돈을 많이 투입할수록 절감 정도가 높아지는 게 아니다. 비용에 관한 오해는 꼭 좀 풀고 싶다.

조상규 비용과 관련해서 재미있는 사례가 기억난다. 한국전력공사 사옥으로, 미국 LEED 인증을 받았다. 사람들이 인증까지 받았으니까 공사비가 많이 들었을 거라고 생각하더라. 그런데 일반적인 업무시설을 지을 때와 비슷한 평당 600만 원 정도의 가격으로 해결했다고 한다. 이게 어떻게 가능했냐고 물으니 '로비를 보세요'라고 하더라. 화려한 로비가 아니었다. 그 흔한 대리석도 없고 소박했다. 건축이라는 산업은 투입되는 자재와 물량이 많다. 그만큼 줄일 수 있는 부분도 있다는 거다.

이아영 평당 600만 원이라니 정말 놀랍다. 그 당시 설계공모에 나왔던 유사한 프로젝트들이 공사비 800만원 정도로 책정됐다.

신지웅 또 하나의 오해는 친환경 건축인증을 받거나 에너지 효율이 높은 등급을 받아도 실제로 에너지 사용량을 줄인 사례가 어디에 있냐는 거다. 정책과 현실은 나르나고 생각하는 거다. 소비량이 실질적으로 작아졌다는 걸, 그래서 이익이 발생한다는 걸 다시금 인식시켜줘야 한다. 그리고 요즘 인센티브 제도가 활발한 점과 관련해서도 이야기를 하고 싶다. 지능형 건축물 인증, 제로에너지 건축물 인증, 녹색건축 인증, 에너지 효율등급 인증 등 인증을 취득하면 허용 용적률을 높여주거나 건축 기준을 완화해주는 등의 이점을 주는 제도가 있다. 대부분 그 제도를 적극적으로 활용하려고 하지만, 무엇이 우선시되어야 하는지는 다시 한 번 고민해봐야 하지 않을까.

조상규 용적률 인센티브와 관련해서는 반성하고 있다. 단위면적당 에너지 소비량을 줄이자는 의도인데, 사실 면적 자체가 늘어나버리면 전체 소비량이 늘어나는 게 아닌가.

이아영 또 하나 뿌리 박힌 인식은 친환경 건축물은 못생겼다는 것이다. 나는 친환경 건축물 또한 아름답다는 걸 보여주려는 꿈을 가지고 지금도 실무를 하고 있고, 또 나아지고 있는 현실을 경험하고 있지만, 여전히 아쉬운 부분이 있다. 현재 한국은 공공이 선도적 역할을 하고 있고 또한 공공건축물을 대상으로는 여러 인증과 기준을 의무화하고 있는데, 좋은 사례를 축적해서 전문가들과 일반인들에게 공유를 해주면 참 좋겠다. 에너지 효율을 고려해서 지은 건물은 실제로 어떻게 작동하는지, 과연 모든 측면이 다 완벽할지, 잘못된 건 무엇일지 등의 궁금증들을 해소할 수 있도록.

김정은 디자인 실무를 하는 입장의 이야기를 좀 더 듣고 싶다. 생태건축 요소가 디자인 창의성을 억제한다고 실제로 느끼는가?

이아영 예를 들어서 일사부하를 조절하기 위한 차양장치가 있다고 치자. 기능에서도 중요한 요소이지만, 그것 자체가 디자인 어휘가 될 수도 있다. 디자이너에 따라서 차양을 붙일 수 있는 방법이 무궁무진하겠지만, 디자이너도 소비자도 한국은 좀 변화에 대해서 주저하는 태도가 있다. 특정 디자인이 도입된 설계안을 제출해서 설계공모에 당선되더라도 실제로 구현되는 경우도 잘 없다. 새로운 것에 대한 거부감, 사용해보지 못한 것에 대한 두려움 때문이다. 건물 앞에 한 겹 차양이 덧대어질 경우에 새가 둥지를 틀면 어쩌냐, 유리창 청소는 어떻게 하냐, 유지관리는 어떻게 할 거냐 등 안 되는 이유를 나열하다가 결국에는 차라리 고성능 유리 한 장을 써서 해결하자가 된다.

268**이병연** '생태건축이란 무엇입니까' 하고 묻는 것 자체가 정답에 가까운 모습, 즉 프로토타입이 있을 거라고 염두에 두는 것이다. 평균에 집착하는 태도, 모든 것이 다 좋아야 한다는 태도에서 벗어나지 못하는 것 같다. 초창기 유럽에서 만들어진 생태건축은 주류 공간에 대한 대안 모델로서 개발되었는데 한국에서는 그런 부분은 많이 약해졌고 여러 방면에서 다 좋아야 한다는 것에 몰두해서 어정쩡한 상태의 총합이 생산되고 있는 게 아닌가 한다. 예를 들어서 우리 건물은 '에너지 자급자족 건물이 되겠어', 어떤 건물은 '새들과의 공생을 목표로 하겠어' 등으로 도전이 다양화될 수 있을 텐데 말이다. 특색 있는 가치를 선택할 수 없도록 여러 가지 제도나 상황이 이끄는 건 아닐까. 본래의 도전적 정신, 생태계라는 다양성의 의미를 담아서 다양한 건축물들이 공존하는 모습을 상상해 본다.

제도적 개선 방향과 전망

김정은 마지막으로 제도적 개선 방향과 생태건축의 활성화에 대한 이야기를 나눠 보고 싶다. 한국은 공공이 생태건축과 관련한 변화를 주도하는 반면 해외에서는 민간이 주도하기도 한다고 들었다.

이병연 해외에서도 공공이 인증제도를 담당하는 경우가 일반적이다. 미국의 LEED만 민간이 운영한다. 대부분의 나라가 공공건축물들은 일정 수준의 등급을 요구하고 있고, 유럽의 경우에는 이산화탄소 배출량 억제를 중요시한다.

이아영 LEED의 운영기관이 민간단체이기 때문에 오해의 소지가 있다. 한국은 운영기관조차도 공공이니까.

신지웅 한국, 싱가포르는 정부 주도다. 하지만 전 세계 친환경 건축물 시장을 선도하는 두 축인, 미국의 LEED와 영국의 BREEAM은 민간 주도다. 그쪽에는 자본이 계속 유입된다. 그래서 유지될 수 있다. 그런 상상을 해보긴 했다. 만약 한국도 민간이 주도했다면 어떤 모습일까.

조상규 민간이 주도해 주기를 우리는 정말 바란다.

이아영 LEED와 BREEAM은 홍보를 잘한다. 부럽다. 한국은 공공기관에 있는 연구자나 공학자가 관리하고 전담인력도 없는 반면, 그쪽은 비즈니스 전문가가 홍보를 하기 때문에 파급력이 다를 수밖에 없다.

이병연 한국은 정부가 주도하는데, 이걸 민간에서는 규제로 받아들이는 것 같다. 이걸 왜 우리가 억지로 해야 하냐, 하는 반응이 있다. 그런 과도기에 우리가 지금 있는 것 같다. 생태건축, 친환경 건축이 대두된 지 20여 년이 되어가는데 지금은 정체 상태에 머무르고 있다는 건 부인하기는 어려울 것 같다. LEED, BREEAM 인증은 가격은 훨씬 비싼데 그 재원을 이용해 연구도 하고 홍보도 적극적으로 하면서 선순환되며 앞으로 나아갈 수 있는 반면, 우리는 인증 비용만으로는 현 체재를 유지만 할 수 있는 수준이다. 시장에서 선제적으로 움직일 수 있는 방법을 모두가 고민해야 하는 시점이라고 생각한다.

최원만 그래도 밝은 전망을 그리고 싶다. 자동차도 석유를 사용할 때에는 비슷한 유형들만 나오다가 전기를 사용하면서 확 달라지지 않았는가. 마찬가지로 건축도 그렇지 않을까. 시간은 걸리겠지만 변화는 있을 것이다. 가장 과학적이고 또 미래적인 건축이 생태건축인데 그 중요성과 필요성만큼 홍보와 보급화가 따라가길 바란다.

이아영 나는 친환경 건축, 그린건축이라는 용어보다 생태건축이라는 용어를 선호한다. 앞서 논의한 것처럼 인간 중심의 시각으로 나와 나를 둘러싼 '환경'을 이원화하기보다는 인간이 생태환경을 구성하는 구성원으로서의 겸허함을 가져야 한다고 생각하기 때문이다. 이제 한국은 제로에너지를 향해 달려가고 있다. 올해부터 공공건축물 의무화가 시작됐고 2030년까지는 대부분의 민간건축물도 제로에너지 인증을 받게 될 것이다. 생태환경에 있어서 에너지 문제가 핵심인 것을 부인할 수는 없지만 보다 정서적인 접근이 필요하지 않을까 싶다. 인간의 태도 변화와 동참이 너무나 중요하기 때문이다. 도심 건축물 녹화, 실개천 살리기, 동네 작은 공원 만들기, 생태적인 학교환경 만들기 등. 자연과 함께 일상을 같이하는 도시환경을 꿈꾸며 자본과 공공, 건축가들의 성숙한 동행을 그려 본다.

특별좌담 (ⓒ김예람)

부록

참고문헌

생태건축 추천 도서

관련기관, 단체 목록

참고문헌

PART 2
도시환경에서의 생물다양성 통합 - 오르탕스 세레

Potter, A., LeBuhn, G. (2015). Pollination service to urban agriculture in San Francisco, CA, Urban Ecosystems 18(3):885-893.

Baldock, K. C. R., Goddard, M. A., Hicks, D. M., Kunin, W. E., Mitschunas, N., Morse, H., Osgathorpe, L. M., Potts, S. G., Robertson, K. M., Scott, A. V., Staniczenko, P. P. A., Stone, G. N., Vaughan, I. P., Memmott, J. (2019). A systems approach reveals urban pollinator hotspots and conservation opportunities, Nat Ecol Evol 3(3):363-373.

IPBES (2019): Global assessment report on biodiversity and ecosystem services of the Intergovernmental Science-Policy Platform on Biodiversity and Ecosystem Services. E. S. Brondizio, J. Settele, S. Díaz, and H. T. Ngo (editors). IPBES secretariat, Bonn, Germany.

Kang, T. H., Yoo, S. H., Kim, I. K., Cho, H. J., Shin, Y.-U. (2012). Change of Avifauna Following Restoration and Management in Cheonggye Stream, Seoul, Korea, Journal of Korean Nature 5(2):107-114.

Kaplan (1995). The Restorative benefits of nature: toward an integrative framework, Journal of Environmental Psychology, 15, pp. 169-182.

Kaplan, R. (2007). Employees' reactions to nearby nature at their workplace: The wild and the tame, Landscape and Urban Planning 82(1-2):17-24.

Kellert, S., Desha, A. C. R. P. C. (2016). Biophilic urbanism: the potential to transform, Smart and Sustainable Built Environment 5(1):4-8.

Lee, J. Y., Anderson, C. D. (2013). The Restored Cheonggyecheon and the Quality of Life in Seoul, Journal of Urban Technology 20(4):3-22.

Liu, W., Chen, W., Peng, C. (2014). Assessing the effectiveness of green infrastructures on urban flooding reduction: A community scale study, Ecological Modelling 291:6-14.

Lottrup, L., Grahn, P., Stigsdotter, U. K. (2013). Workplace greenery and perceived level of stress: Benefits of access to a green outdoor environment at the workplace, Landscape and Urban Planning 110:5-11.

Mayrand, F., Clergeau, P. (2018). Green Roofs and Green Walls for Biodiversity Conservation: A Contribution to Urban Connectivity?, Sustainability 10(4):985.

McFrederick, Q. S., LeBuhn, G. (2006). Are urban parks refuges for bumble bees Bombus spp. (Hymenoptera: Apidae)?, Biological Conservation 129(3):372-382.

Miller, J. R. (2005). Biodiversity conservation and the extinction of experience, Trends Ecol Evol 20(8):430-4.

Oliveira, S., Andrade, H., Vaz, T. (2011). The cooling effect of green spaces as a contribution to the mitigation of urban heat: A case study in Lisbon, Building and Environment 46(11):2186-2194.

Olivier, T., Thebault, E., Elias, M., Fontaine, B., Fontaine, C. (2020). Urbanization and agricultural intensification destabilize animal communities differently than diversity loss, Nat Commun 11(1):2686.

Richardson, E. A., Pearce, J., Mitchell, R., Kingham, S. (2013). Role of physical activity in the relationship between urban green space and health, Public Health 127(4):318-24.

Serret, H., Raymond, R., Foltête, J.C., Clergeau, P., Simon, L., Machon, N. (2014). Potential contributions of green spaces at business sites to the ecological network in an urban agglomeration: The case of the Ile-de-France region, France, Landscape and Urban Planning 131:27-35.

Snep, R. P. H., Opdam, P. F. M., Baveco, J. M., WallisDeVries, M. F., Timmermans, W., Kwak, R. G. M., Kuypers, V. (2006). How peri-urban areas can strengthen animal populations within cities: A modeling approach, Biological Conservation 127(3):345-355.

Soga et al. (2015). Reducing the extinction of experience Association between urban form and recreational use of public greenspace, Landscape and Urban Planning, 143, 63-75.

Tzoulas, K., Korpela, K., Venn, S., Yli-Pelkonen, V., Kaźmierczak, A., Niemela, J., James, P. (2007). Promoting ecosystem and human health in urban areas using Green Infrastructure: A literature review, Landscape and Urban Planning 81(3):167-178.

Ulrich R. (1984). View Through a Window May Influence Recovery from Surgery, Science 224 (4647): 420-1, DOI: 10.1126/science.6143402
van den Berg, M., van Poppel, M., van Kamp, I., Andrusaityte, S., Balseviciene, B., Cirach, M., Danileviciute, A., Ellis, N., Hurst, G., Masterson, D., Smith, G., Triguero-Mas, M., Uzdanaviciute, I., de Wit, P., van Mechelen, W., Gidlow, C., Grazuleviciene, R., Nieuwenhuijsen, M. J., Kruize, H., Maas, J. (2016). Visiting green space is associated with mental health and vitality: A cross sectional study in four european cities, Health Place 38:8-15.
Wilson, Edward O. (1984). Biophilia. Cambridge, MA: Harvard University Press. ISBN 0-674-07442-4.

PART 2
건축 패러다임의 전환, 자연순환 재료 '흙' - 황혜주

Anger, R., Fontaine, L. (2012). 건축 흙에 매혹되다 (김순웅, 조민철 역). 효형출판. (원서출판 2009).
박래식. (2016). 이야기 독일사. 청아출판사.
Briggs, A., et al. (1987). 사회복지의 사상: 복지국가를 만든 사람들 (한국복지연구회 역). 이론과실천.
강남이, 강민수, 강성수, 김광득, 김순웅, 손율희, 양준영, 양준혁, 이예진, 이진실, 조민철, 황혜주. (2014). 흙집 제대로 짓기: 흙건축 기술에서 실제까지. 씨아이알.
황혜주. (2016). 흙건축. 씨아이알.
황혜주. (2017). 흙집에 관한 거의 모든 것: 흙건축가 황혜주 교수의 단단한 집 짓기. 행성B.
KBS 환경스페셜. (2007). '제3의 피부 집, 흙으로 부활하다'
KBS 수요기획. (2003). '세계의 흙집 2부 도시와 인간을 위한 집'
KBS 환경스페셜. (2005). '생태건축, 생명을 살린다'
KBS 환경스페셜. (2007). '제3의 피부 집 흙으로 부활하다'
Dethier, J., (1981). Des architectures de terre ou l'avenir d'une tradition millénaire. Centre Georges Pompidou, Centre de création industrielle.

PART 2
자원절약과 순환의 대안적 삶, 생태마을과 공동체 - 이성제

환경부. (2004). 생태마을 활성화 방안 연구.
박완희, 홍의동, 연경환, 황희연. (2014). 도시생태공동체 형성과정 분석: 청주시 산남동 두꺼비생태마을을 중심으로. 환경정책, 22(4):87-117.
Gilman, R. (1991). The ecovillage challenge: The challenge of developing a community living in balanced harmony-with itself as well as nature-is tough, but attainable. In Context, 29:10-14.

PART 3
도시물순환의 회복 - 한무영

한무영. (2020). 모모모물관리. 우리출판사.
Kravcik, M., et al. (2017). 빗물과 물순환 (한무영 역). 씨아이알. (원서출판 2012).

PART 3
패시브 건축에서 제로에너지 건축으로 - 김예람

이명주. (2016). 2025년 제로에너지빌딩 의무화, 가능한가 - 노원구 제로에너지주택 실증단지 구축 사례를 중심으로. 건축과 도시공간, 22:30-36.
유보영. (2019). 환경시대의 주거솔루션: 소규모 패시브주거단지 가온누리. 한국생활과학회한국생활과학회 학술대회논문집:120-143.

김대중, 김용구, 황경주. (2013). [프로젝트 리포트] 국립생태원 생태체험관 시공 프로세스. 건축(대한건축학회지), 57(2):70-74.
국가건축정책위원회, 국토교통부. (2019). [보도자료] 제로에너지 건축, 건축을 넘어 도시로! 이제 시작합니다. - 국토교통부, 제로에너지 건축 보급 확산 방안 발표.
한국에너지공단. (2015). [에너지이슈브리핑] 제로에너지 건축물 국내 현황 및 개선과제.
국토교통부. (2019). 제로에너지 건축 의무화 세부 로드맵 수정(안).
국토교통부. (2020). [보도자료] 3기 신도시 본격화, 입체적 도시공간계획 수립.
기획재정부. (2020). [보도자료] 2020년도 제3회 추가경정예산 국회확정.

PART 3
거주자를 고려한 친환경 주거계획의 요소 - 이민아

국토교통부. (2020). 녹색건축인증기준 [별표1]신축 주거용 건축물 인증심사기준(제3조 관련).
김은경, 권오정, 하해화. (2011). 친환경 주거에 대한 인식과 계획요소 선호에 관한 연구. 한국주거학회 학술대회논문집:144-149.
녹색건축인증(n.d.). https://www.gbc.re.kr/index.do
박원규, 임선화. (2009). 동주택단지 외부공간의 친환경 수준에 따른 주민의 거주만족도와 친환경 의식 비교 연구-광주광역시 아파트단지를 대상으로. 한국주거학회논문집, 20(6):119-126.
박진경, 오찬옥. (2012). 친환경 주거에 대한 인식과 계획요소 선호에 관한 연구. 한국실내디자인학회 논문집, 21(1):86-94.
양승우, 김현근. (2013). 건축물의 친환경 인증여부에 따라 주거환경 만족도에 영향을 미치는 계획요소 비교연구. 한국도시설계학회지 도시설계, 14(4):73-82.
오유경, 곽경숙. (2011). 대학생의 생활양식과 친환경주거 중요도에 관한 연구. 한국생활과학회지, 20(1):243-255.
이규인, 염동우. (2009). 친환경 건축물 인증 공동주택의 거주자 만족도 조사를 통한 평가기준 개선방향 연구. 대한건축학회논문집-계획계, 25(12):41-51.
이민아, 유복희. (2018). 대학생이 그린 이상적인 주거계획에 나타난 친환경 요소 분석. 한국가정관리학회지, 36(4):17-29.
이진우, 남경숙. (2015). 노인주거 대안으로서의 친환경 공동주택 디자인 가이드라인 제시. 한국실내디자인학회논문집, 24(4):111-123.
최성필, 이정남, 김주환, 허영주, 김청권, 정상선, 한연호, 류종혁. (2006). 공동주택의 친환경 계획요소의 거주자 만족수준 향상을 위한 중요 영향인자 분석에 관한 연구. 대한건축학회논문집-계획계, 22(3):81-88.
최지윤, 강순주, 모정현. (2016). 친환경 생활 실천 정도에 따른 친환경 주거인식과 선호도에 관한 연구. 한국주거학회 학술대회논문집, 28(2):109-114.

생태건축 추천 도서

친환경 공간디자인: 생태건축 에코인테리어 그린라이프

연세대학교 밀레니엄환경디자인 지음 | 연세대학교출판부 | 2003년 11월

파울로 솔레리와 미래

도시 파울로 솔레리 지음 | 이윤하 외 옮김 | 르네상스 | 2004년 03월

이타카 에코빌리지: 자연과 문명이 조화를 이룬 생태마을

리즈 워커 지음 | 이경아 옮김 | 황소걸음 | 2006년 11월

자연과 함께하는 건축: 환경친화적 건축개념에서 기법까지

김자경 지음 | 시공문화사 | 2008년 02월

친환경 도시건축

임만택 지음 | 문운당 | 2009년 08월

LEED 미래의 건축: 저탄소 녹색 성장의 친환경 건축

한국 LEED 연구소 지음 | 새로운사람들 | 2009년 12월

그린 이노베이션: 녹색성장으로 이끄는 7가지 전략

오자키 히로유키 지음 | 황조희 옮김 | 이스퀘어 | 2009년 12월

GREEN HOME PLUS 핵심기술: 저에너지 친환경 공동주택

저에너지 친환경 공동주택연구단 지음 | 기문당 | 2010년 05월

실례로 배우는 지속가능한 친환경 건축: CASBEE로 평가한 건축사례를 중심으로

무라카미 슈조 지음 | 손원득 옮김 | 기문당 | 2010년 05월

건축재료: 친환경 건설과 혁신적인 건축물을 위한 최신재료

존 페르난데스 지음 | 박우열, 안성훈, 주진형 옮김 | 대가 | 2010년 10월

녹색 도시를 꿈꾸는 저탄소 사회 전략

고재경, 경기개발연구원 (엮음) 지음 | 한울아카데미 | 2011년 01월

지속가능한건축의 패시브디자인

이봉 지음 | 발언 | 2011년 03월

생태건축: 일곱 번의 위기와 일곱 개의 자연

임석재 지음 | 인물과사상사 | 2011년 09월

기후변화에 대비한 도시의 물 관리

제리 유델슨 지음 | 한무영 옮김 | 씨아이알 | 2012년 04월

의사가 권하고 건축가가 짓다: 자연을 닮은 공간, 살아있는 건축

이시형, 김준성 지음 | 한빛라이프 | 2015년 06월

친환경 도시계획을 위한 바람길 도입 이론과 사례연구
정응호 지음 | 문운당 | 2015년 06월

착한 집에 살다: 나무와 흙, 물과 바람, 이웃과 이웃이 함께 살아가는 집 이야기
쓰나가루즈 지음 | 장민주 옮김 | 토나미 슈헤이 사진 | 휴 | 2015년 10월

환경 친화적인 건축 프로젝트를 통해 생태 건축 이해하기
알렉스 산체스 비디엘라 지음 | 엠지에이치북스 | 2016년 08월

도시재생: 생태적 접근방법
고주석 지음 | 국토연구원 | 2016년 12월

흙집에 관한 거의 모든 것 : 흙건축가 황혜주 교수의 단단한 집 짓기
황혜주 지음 | 행성B | 2017년 12월

강남 고대 도회의 건축과 생태미학
왕운 지음 | 방금화 옮김 | 학지사 | 2018년 01월

도시와 풍경
김광현 지음 | 안그라픽스 | 2018년 03월

건축 재료의 새로운 사고: Material_Matter
이공희, 최왕돈, 이승택, 장영철, 최혜정, 김찬중, 조남호, 봉일범, 장윤규, 박미예, 최욱 지음 | 공간서가 | 2018년 03월

숲에서 1년: 떠나고 싶은 도시인을 위한 자발적 휴식 프로젝트
토르비에른 에켈룬 지음 | 장혜경 옮김 | 심플라이프 | 2018년 08월

why 패시브하우스
김창근 지음 | 한문화사 | 2019년 02월

타이니하우스, 집 이상의 자유를 살다
엘리자베스 노디노, 브뤼노 티에리, 미샤엘 델로즈 지음 | 권순만 옮김 | 가지 | 2019년 03월

근대문명에서 생태문명으로: 에콜로지와 민주주의에 관한 에세이
김종철 지음 | 녹색평론사 | 2019년 06월

집을 위한 인문학: 집은 우리에게 무엇인가?
노은주, 임형남 지음 | 인물과사상사 | 2019년 11월

자연을 닮은 생태모방건축기법
마이클 폴린 지음 | 박자은 옮김 | 광문각 | 2020년 01월

기후위기 해결을 위한 모모모 물관리: 모두를 위한 모두에 의한 모든 물의 관리
한무영 지음 | 우리출판사 | 2020년 02월

새는 건축가다: 자연에서 발견한 가장 지적이고 우아한 건축 이야기
차이진원 지음 | 박소정 옮김 | 현대지성 | 2020년 03월

무해한 하루를 시작하는 너에게: 도시생활자를 위한 에코-프렌들리 일상 제안
신지혜 지음 | 보틀프레스 | 2020년 06월

관련기관, 단체 목록

환경부 및 소속산하기관

환경부	http://me.go.kr
한강유역환경청	http://me.go.kr/hg
낙동강유역환경청	http://me.go.kr/ndg
금강유역환경청	http://me.go.kr/gg
영산강유역환경청	http://me.go.kr/ysg
원주지방환경청	http://me.go.kr/wonju
대구지방환경청	http://me.go.kr/daegu
전북지방환경청	http://me.go.kr/smg
수도권대기환경청	http://me.go.kr/mamo
한강홍수통제소	http://www.hrfco.go.kr
낙동강홍수통제소	http://www.nakdongriver.go.kr
금강홍수통제소	http://www.geumriver.go.kr
영산강홍수통제소	http://www.yeongsanriver.go.kr
기상청	https://www.weather.go.kr
국립환경과학원	http://www.nier.go.kr
국립환경인재개발원	http://ehrd.me.go.kr/
온실가스종합정보센터	http://www.gir.go.kr
중앙환경분쟁조정위원회	http://ecc.me.go.kr
국립생물자원관	http://www.nibr.go.kr
화학물질안전원	http://nics.me.go.kr
국가미세먼지정보센터	http://www.air.go.kr
한국수자원공사	https://www.kwater.or.kr
국립공원공단	http://www.knps.or.kr
국립생태원	http://www.nie.re.kr
한국환경공단	http://www.keco.or.kr
한국환경산업기술원	http://www.keiti.re.kr
국립낙동강생물자원관	http://nnibr.me.go.kr
수도권매립지관리공사	https://www.slc.or.kr
워터웨이플러스	https://www.waterway.or.kr
한국상하수도협회	http://www.kwwa.or.kr
환경보전협회	http://www.epa.or.kr
한국수자원조사기술원	http://www.kihs.re.kr

학회

대한미생물학회	http://www.ksmkorea.org
대한하천학회	http://www.riversandlife.or.kr
복원생태학회	http://www.serk.or.kr
한국건축친환경설비학회	http://www.kiaebs.org
한국구조생물학회	http://www.kssb.kr
한국농촌건축학회	http://www.kirua.or.kr

한국동물분류학회	http://www.kssz.or.kr
한국물환경학회	http://www.kswe.org
한국미생물생명공학회	https://www.kormb.or.kr
한국미생물학회	http://www.msk.or.kr
한국발생생물학회	http://www.ksdb1995.com
한국산림과학회	http://www.kfs21.or.kr
한국생물공학회	http://www.ksbb.or.kr
한국생물교육학회	http://www.bioedu.kr
한국생물환경조절학회	http://www.ksbec.kr
한국생태학회	http://www.ecosk.org
한국생태환경건축학회	https://kieae.org
한국습지학회	http://www.kwetland.or.kr
한국식물병리학회	http://www.kspp.org
한국식물분류학회	http://www.pltaxa.or.kr
한국식물생명공학회	http://www.kspbt.or.kr
한국식물학회	http://www.kspb.kr
한국자원식물학회	http://www.prsk.kr
한국통합생물학회	http://www.ksib.or.kr
한국하천호수학회	http://www.ksl.or.kr/gnu
한국환경복원기술학회	http://koserrt.or.kr
한국환경생물학회	http://www.koseb.org
한국환경생태학회	http://www.enveco.org

협회/연구소

건축도시공간연구소	http://www.auri.re.kr
대한건축사협회	https://www.kira.or.kr
빌딩스마트협회	https://buildingsmart.or.kr
새건축사협의회	http://www.kai2002.org
한국LEED연구소	http://www.leedkorea.or.kr
한국건설생활환경시험연구원	http://www.kcl.re.kr
한국건축가협회	http://www.kia.or.kr
한국패시브건축협회	http://www.phiko.kr
한국환경건축연구원	http://www.kriea.re.kr

건축정보사이트

건설기술정보시스템	https://www.codil.or.kr
그린투게더	http://www.greentogether.go.kr
도시재생종합정보체계	http://www.city.go.kr

국립생태원은 한반도 생태계를 비롯하여 열대, 사막, 지중해, 온대, 극지 등 다양한 생태계를 직접 체험할 수 있는 실내 전시공간인 에코리움과 각종 생태 체험교육이 진행되는 야외 생태 공간이 마련된 생태 연구·교육·전시 종합기관입니다.
국립생태원 출판부(NIE PRESS)에서는 소중한 생태정보와 이야기를 엮어 유아에서 성인, 전문가에 이르는 다양한 독자를 위한 책을 만들고 있습니다.

vol.03 생태+건축

발행일 2020년 11월 20일 초판 1쇄 발행
발행인 박용목 **책임편집** 유연봉 **편집** 문혜영
진행 CNB미디어(월간 「SPACE(공간)」, 황용철) **진행책임** 김정은, 최은화 **교정교열** 하명란
디자인 그래픽 스튜디오 베이스(최승태), 고인수
발행처 국립생태원 출판부
신고번호 제458-2015-000002호 (2015년 7월 17일)
주소 충남 서천군 마서면 금강로 1210 / www.nie.re.kr
문의 041-950-5999 / press@nie.re.kr

ⓒ국립생태원 National Institute of Ecology, 2020
ISBN 979-11-90518-76-5 **ISSN** 2508-4607 03